中国青少年百科全书

彩图版

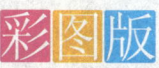

黄　炜◎主编

美丽地球百科

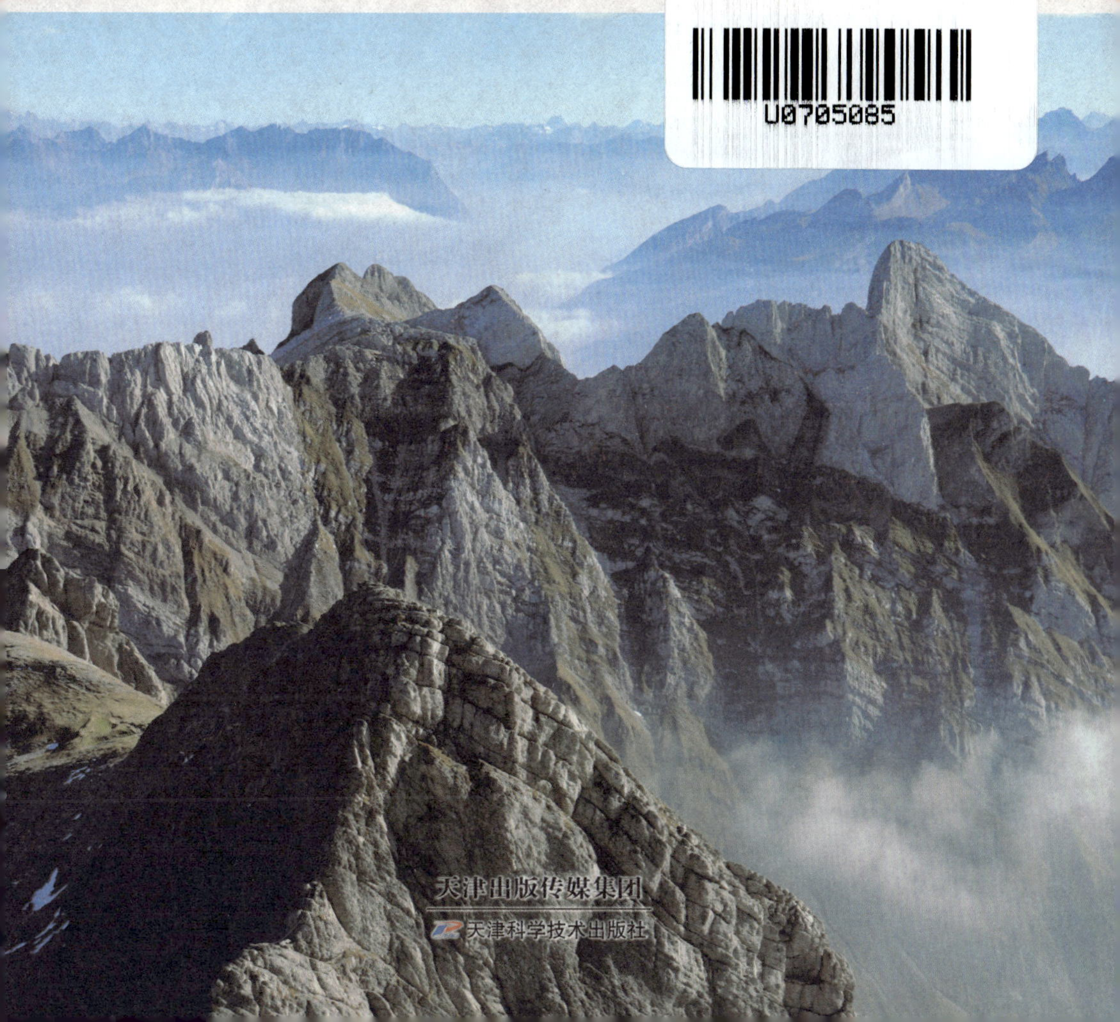

天津出版传媒集团
天津科学技术出版社

前言

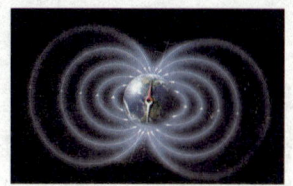

地球是人类的家园,自从人类诞生,就开始了对大地的探索。美丽的山川,宁静的湖泊,险峻的山峰,辽阔的平原,蔚蓝的大海,这些组成了地球的外貌,吸引着人类去探索它们的秘密。它们都是如何形成的?它们为什么会是这个样子?这些问题直到今天也没有完整的答案。

人类在寻找地球奥秘的时候,自己的知识和技术也有了突飞猛进的发展,这些技术为人类的生活带来巨大的便利,于是人类对一些技术产生了依赖,并滥用这些技术,给地球自然环境造成了巨大的破坏,最后危及人类自身的生存。这个事实促使人类重新思考自己在自然界中的位置和责任,我们应该保护自然环境,而不是去破坏。这样,人与地球的关系也成为现在人类研究的课题之一,这其中也有许多发人深省的问题。

本书分为四大部分,利用通俗易懂的文字和精美的图片,向读者介绍地球的概况、地形地貌、地球资源和环境保护等方面的知识,增加读者对我们生活的这个星球的了解。

走进人类的家园
了解地球

- 8 在混沌中诞生——地球的形成
- 10 揭开鸡蛋之谜——地球的内部构造
- 12 昼夜和四季的奥秘——地球的运动
- 14 化石告诉我们——地球的年龄
- 16 时光的量度——地球的时间
- 18 保护生物的外套——地球磁场
- 20 缥缈的面纱——地球的大气层
- 22 地球的卫星——月球
- 24 地球的两个端点——南北极
- 26 漂移的大陆——大陆和大陆板块
- 28 岁月的皱纹——褶皱和断层
- 30 地狱的通风口——火山
- 32 大地的颤抖——地震
- 34 地球的晴雨表——天气
- 36 大自然的旋律——气候和生态
- 38 喜怒无常的"隐身人"——风
- 40 缥缥缈缈——云和雾
- 42 天空的眼泪——雨
- 44 大地的"冬装"——雪
- 46 宙斯的武器——雷电
- 48 美丽富饶的大陆——亚洲
- 50 风情万种的大陆——欧洲
- 54 炎热古老的大陆——非洲
- 56 充满传奇的大陆——北美洲
- 58 崇拜太阳的大陆——南美洲
- 60 小巧多姿的大陆——大洋洲
- 62 冰天雪地的大陆——南极洲

鸟瞰地球的面貌
地形地貌

- 66 大海上的明珠——岛屿
- 68 海和地之间——群岛和半岛
- 70 豁然开朗的平川——平原
- 72 大山的脊梁——山脉
- 74 大地的伤痕——峡谷和裂谷
- 76 大地的胸膛——高原
- 78 大自然的杰作——丘陵
- 80 水草覆盖下的美丽——沼泽
- 82 波浪起伏的沙海——沙漠
- 84 大地的肚脐——盆地
- 86 地球之肺——森林

88 风吹草低见牛羊——草原	120 蜿蜒曲折的玉带——河流
90 最早的避风港——溶岩洞穴	122 星罗棋布的明珠——湖泊
92 自然的力量——侵蚀	124 垂挂于天际的白纱——瀑布
94 生命的摇篮——海	126 天然的淡水库——冰川
96 大陆的最边缘——海岸、海港	128 河口平原——三角洲
98 一衣带水——海峡和海湾	
100 看不见的大陆——洋底地貌	**保护人类的家园**
102 大海的震怒——海啸	**环境与保护**

地球生灵的财富
地球上的宝贵资源

106 就在我们脚下——岩石
108 姹紫嫣红的宝藏——矿物
110 工业粮食——煤
112 工业的血液——石油
114 来自地下的能源——天然气
116 点燃文明的火焰——其他能源
118 地球的被子——土壤

132 身边的世界——生活环境
134 文明的代价——空气污染
136 不可忽视的威胁——水污染
138 不堪忍受的声音——噪声
140 人造的威胁——垃圾危害
142 万物生灵的呐喊——保护地球

走进人类的家园

了解地球

众所周知，地球是我们共同的家园，它构造复杂，拥有丰富的物产，适合生物的生长。它拥有美丽的自然风光和人文风光，千百年来人类在这颗星球上繁衍生息，给它带来了生机。那么你真正了解地球吗？各国的科学家们一直都在探索地球的奥秘。那么就让我们跟随他们的脚步，进行一次不可思议的旅行吧！

在混沌中诞生——地球的形成

地球是我们人类和其他许多生物共同的家园，它是宇宙中唯一已知存在生命的星球。关于地球的形成一直是人们关心的话题。科学家告诉我们，大约在50亿年前，宇宙中充满了气体和尘埃。后来，一部分气体和尘埃聚集在一起，于是就形成了太阳。约46亿年前，遗散在太阳周围的气体和尘埃，又聚集起来，形成了地球和其他的星球。

康德星云说

18世纪，德国哲学家康德经过研究提出了星云起源的学说，他认为地球是由星云不断收缩形成的。尽管今天这一学说已失去了科学意义，但康德所作的努力是至关重要的，他的这个学说是关于地球形成的第一个假说。

康德

继康德之后法国天文学家拉普拉斯独立提出了星云说，他的假说简单动人，统治了整个19世纪

凯伯的原始星云说

1949年，美国天文学家凯伯提出了"原始星云说"，他认为地球是由太阳周围的沉积物聚集而形成的。

原始地球

大约在46亿年前，一团气体和尘埃不断地旋转、收缩，形成了一个炽热、熔融的"火球"。它渐渐地冷却，表面结成了一层由岩石组成的外壳，这就是最原始地球。

地球形成示意图

陨星撞地球

约5亿9千万年前,一颗由岩石组成的,直径超过4 000米的陨星以时速9万千米的速度猛烈撞击了今澳大利亚所在地的某区。几秒钟内,陨星变成了一个巨大的火球,而在撞击地点形成了一个深4千米、直径40千米的大坑,并引起地震、狂风、大火和海啸。

它是2万~5万年前陨石撞击地球在沙漠上留下的一个丑陋疤痕

地球的形成

由于原始地球的地壳较薄,小天体又不断撞击,造成地球内部熔岩不断上涌,地震与火山喷发随处可见。地球内部蕴藏着大量的气泡,在火山喷发的过程中从内部升起云状的大气。到了距今约25亿年至5亿年的元古代,地球上出现了大片相连的陆地,地球就形成了。

地球的基本数据

地球的表面总面积	510 083 042 平方千米
地球的体积	1 083 320 000 000 立方千米
地球的质量	5.976×10^{27} 千克
地球的平均密度	5.52 克/厘米³
地球的年龄	46 亿年
地球的平均半径	6 371 110 米

地球的形状

人们对地球形状曾经也存在许多猜测:我国古人认为地球是扁平状的;古印度人认为大地是一个隆起的圆盾。1622年,葡萄牙航海家麦哲伦率领他的船队绕地球航行了一圈,用事实证明了地球是球形的。17世纪末,牛顿在研究了自转对地球形态的影响后,才明确提出地球是一个赤道略鼓、两极略扁的球体。

蓝色的星球

地球常被称为"蓝色的星球",这是因为地球表面有2/3都被海水覆盖着。当太阳光照射到清澈的海面上时,水分子只反射蓝色波长的光,而红色、黄色等其他颜色的光都被吸进了腹中,所以从太空中遥望,宇航员只能看到一个蓝色的星球。

通过卫星测量,人们已发现地球并不是完全的球体,上面有许多不规则的地方。

揭开鸡蛋之谜——地球的内部构造

地球的表面70%多都是海洋，只有约30%的面积是未被海水淹没的陆地。在地球表面之上，包裹着厚厚的大气层，地球表面之下则由三个主要的圈层构成，从外到里依次是地壳、地幔和地核，这些都是蕴藏在地球内部的秘密。

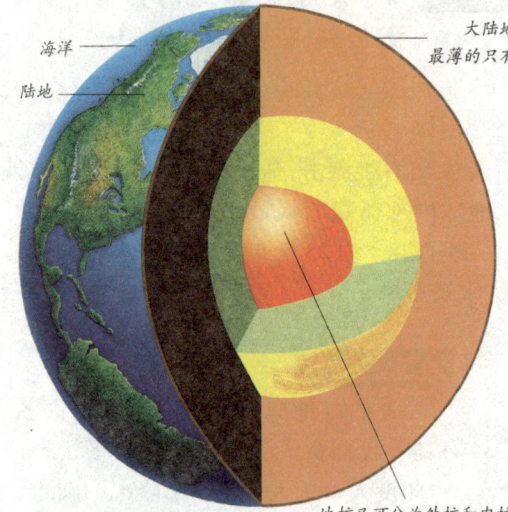

海洋
陆地

大陆地壳有的厚达65千米以上，而海洋地壳最薄的只有5千米左右

地核又可分为外核和内核

地球的固体外壳

地壳是薄薄的坚硬的岩层，它是地球的固体外壳，处在不断的运动中。地壳的运动导致海洋变成高山，陆地变成海洋，并引发陆地上的地震和火山的爆发以及海洋中的海啸。

地壳运动引起的海啸。海啸是危害特别大的灾难。

地球的中间部分

地幔位于地核和地壳之间，是地球的中间部分，厚度达2 860千米，化学成分主要是铁和镁。它可分成上地幔和下地幔两部分，上地幔的上部分是一层薄且易碎的固体岩石，下部分是由岩浆组成的；下地幔呈半固体的状态。大部分由岩石构成的地幔是岩浆的发源地。

不安稳的熔岩

地球内部的温度非常高，它能熔化岩石，形成岩浆。平常岩浆好像沸腾的水一样，在地球内部来回流动，当它们聚集到离地表较近的地方时，受地球压力的作用，就会喷发出来。熔岩的流动可以形成熔岩台地和熔岩高原以及熔岩湖。

熔岩是指喷出地表的岩浆，也用来表示熔岩冷却后形成的岩石。

地球仪

为了方便研究，人们根据地球的形状并按一定的地形缩小后，制作成地球的模型，这就是地球仪。为了形象地表述地球，人们在地球仪上定义了各种名称，如赤道、经线、纬线、南北回归线等，这些都能很好地解释各种地球现象。

地球仪

地球的中心

地核处于地球的最深部位，受到地壳和地幔的压力，温度非常高。地核是地球的中心，包括液态的金属外地核和固态的金属内地核。其中，外核的厚度约为 2 260 千米，内核直径约为 1 210 千米。

地球的构造元素

构成地球的元素是多种多样的。其中，地壳分上下层结构，上层地壳主要由花岗岩组成，硅元素和铝元素是它的重要成分；下层地壳主要由玄武岩组成，主要成分是镁、铁、硅元素。构成地核的多是铁、镍等较重的金属元素。

黄铁矿

黄铜矿

地球的周长

据现代的测量技术得知：地球赤道的全长是 40 024 千米，赤道处的直径是 12 758 千米，比两极处的垂直直径长约 43 千米。地球的极半径约比赤道半径短 1/300。

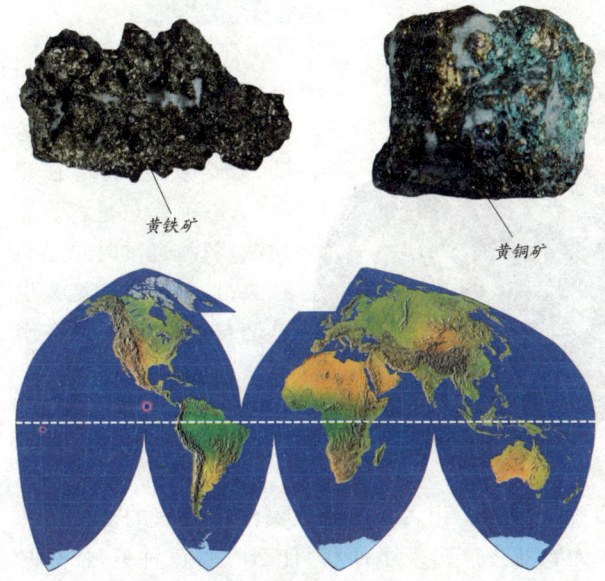

赤道线是与地球周长一致的线

昼夜和四季的奥秘——地球的运动

地球不是静止的,它每天都在运动着。围绕太阳公转和不停地以地轴为中心自转是地球运动的两种基本形式。除此之外,地壳本身也在运动,地壳的运动可能引发地球上的一系列变化,它可以导致海洋变成高山,陆地变成海洋;可发生地震和火山爆发,海洋中还会出现海啸。

地球的自转

地球不停地自西向东自转,自转一周需要 23.93 小时。地球自转的时候,面对太阳的半球是明亮的白昼,背对太阳的另一个半球是黑夜,这样,地球上就有了不断交替的白昼与黑夜。

绕地轴运转

地球自转是按照一根假想的轴进行运转的,我们把它称为地轴,在地球仪上我们可以看到,地轴通过地球中心,并连接南极和北极。

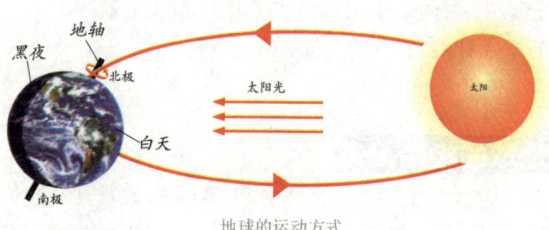

地球的运动方式

地转偏向力

在地球自转的影响下,在地球上水平运动的物体,无论朝哪个方向运动,都会发生偏转。在北半球,右河岸总是容易被冲蚀;气流运动时总是向右偏;发射出去的炮弹也总是向右偏转的,而在南半球则恰恰相反。

中国和美国,在地球上刚好是相对的两面,当中国是白昼时,美国则是黑夜。

农历的来源

我国的农历是根据四季的变化,由古代劳动人民观察天气的变换规律总结出来的。历法的形成为农业生产带来了便利,什么时候该种植,什么时候该收获,都可以从历法上找到对应的时节。

地球上的五带

由于太阳高度和昼夜长短跟纬度变化的关系，人们将地球表面有共同特点的地区，按纬度划分为五个热量带，也就是热带、南温带、北温带、南寒带、北寒带。热带是获得热量最多的地带，南、北寒带是获得热量最少的地带。

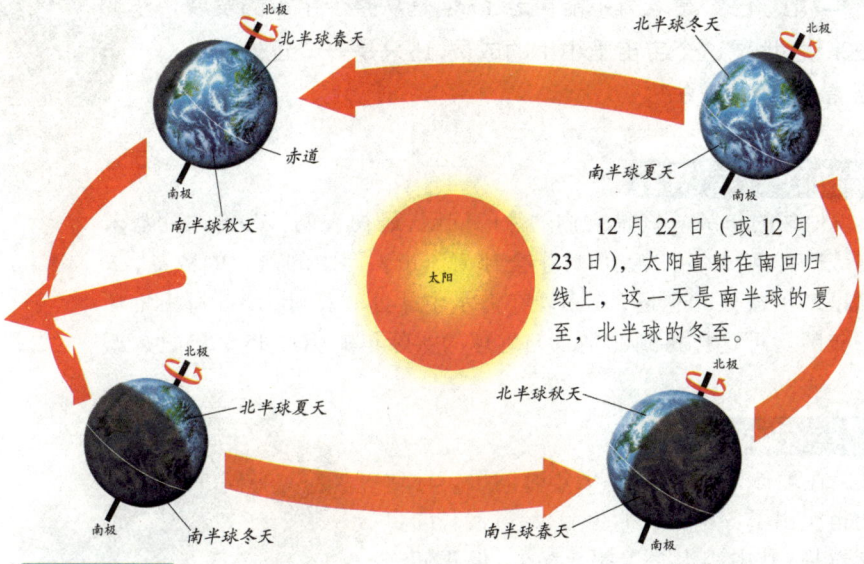

12月22日（或12月23日），太阳直射在南回归线上，这一天是南半球的夏至，北半球的冬至。

地球的公转

地球除了自转以外，还会环绕太阳公转，地球公转一周需要365.25个地球日，公转一周就是一个地球年。地球公转的轨道是椭圆形的，太阳位于椭圆的一个焦点上，一年之中，不同时间地球离开太阳的距离不同，有时近有时远。

四季更替

地球公转的轨道面与地轴之间有66°34′的夹角，在地球绕太阳旋转的过程中，北半球和南半球先后朝太阳倾斜，于是地球上出现了春夏秋冬四季更替的现象。一年之内，太阳在南、北回归线之间移动，9月份，北半球是秋天，南半球是春天。

四季交替

南北回归线

以赤道为界，赤道以北为北半球，赤道以南为南半球。南、北回归线位于南纬23°26′和北纬23°26′，是热带和温带的分界线。太阳直射点在南、北回归线之间往返一次是一年。

化石告诉我们——地球的年龄

地球大概是在46亿年前形成的,相对于人的年龄来说,地球已经是老得不能再老了,但是从整个宇宙的发展史来说,地球这个宇宙里小小的成员,还只是一个正处在生命黄金期的"青年"。

鲨鱼牙齿化石

最初的"科学"计算

地球的年龄一直是人们关注的问题,最初人们认为海中的盐来自大陆的河流,所以就用每年全球河流带入海中的盐分的数量,去除以海中盐分的总量,算出现在海水中盐分的总量,由此得出地球的年龄。可这样得到的结果与地球的实际年龄相差45亿年之久。

化石的见证

在地球诞生的40多亿年时间里,地球上衍生出了各种各样的生命,经过漫长的自然选择,其中的大多数都灭绝了,但我们仍能从某些岩层中保留下来的化石中探寻到它们的遗迹。

三叶虫只生存在古生代,而且演化非常明显,我们可以据此判断一个地区的地层年代是否是古生代的。

盘古开天地

在中国"盘古开天地"的古老传说中,宇宙最初好像一个大鸡蛋,盘古在黑暗混沌的蛋中睡了18 000年,一觉醒来,用斧劈开天地,又过了18 000年,天地形成。其实,这个传说距地球的实际年龄相去甚远。

盘古开天辟地

化石的形成

化石的形成是一个相当长的过程,当一棵树死掉后,树干沉没并被埋葬,木质部分被新的矿物质置换了,但它的形状并没有发生改变,而它周围的沉积物则被逐渐侵蚀掉,留下了树干化石。

琥珀

地质年代表

代	纪	距今年代（亿年）	生物发展阶段 动物界
新生代	第四纪	0.02~0.03	人类时代
	第三纪 晚第三纪	0.25	哺乳动物时代
	第三纪 早第三纪	0.7	
中生代	白垩纪	1.4	爬行动物时代
	侏罗纪	1.95	
	三叠纪	2.5	
古生代	二叠纪	2.85	两栖动物时代
	石炭纪	3.3	
	泥盆纪	4.0	鱼类时代
	志留纪	4.4	海生无脊椎动物时代
	奥陶纪	5.2	
	寒武纪	6.0	
元古代	震旦纪	9	动物孕育、萌芽发展的初期阶段
		25	
太古代		38.0	原始细菌
地球初期发展阶段		46.0	(近代原始生命产生)

活着的树

地下水带来矿物质取代了原始木质部分,树干变成化石

硅化木

沉没和埋葬

化石的形成过程

时光的量度——地球的时间

平常,我们在钟表上所看到的"几点几分",习惯上就称为"时间",但严格来说应当称为"时刻"。某一地区具体时刻的规定,与该地区的地理经度存在一定关系。1879 年,加拿大铁路工程师伏列明提出了"时区"的概念,这使得世界上有 24 种不同时刻存在,各不同时区间的时刻能进行简单的换算,避免了世界各地时刻的混乱现象。

不能统一的时刻

世界各地的人都习惯于把太阳上中天的时刻定为中午 12 点,而此时正好背对着太阳的另一地点,时刻必定是午夜 12 点。如果整个世界统一使用一个时刻,则只能满足在同一条经线上的某几个地点的生活习惯,所以,整个世界的时刻不可能完全统一。

地方时

在地球上某个特定地点,根据太阳的具体位置所确定的时刻称为"地方时"。"真太阳时"又叫做"地方真太阳时"(简称地方真时);"平太阳时"又叫做"地方平太阳时"(简称地方平时)。"地方真时"和"地方平时"都属于地方时。

古代一种用来报告时刻、指示时辰的器具。

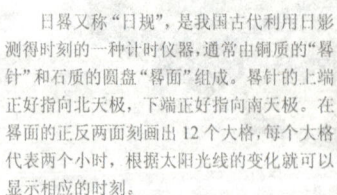

日晷又称"日规",是我国古代利用日影测得时刻的一种计时仪器,通常由铜质的"晷针"和石质的圆盘"晷面"组成。晷针的上端正好指向北天极,下端正好指向南天极。在晷面的正反两面刻画出 12 个大格,每个大格代表两个小时,根据太阳光线的变化就可以显示相应的时刻。

格林尼治时间

在英国的格林尼治天文台旧址，有一座埃里星仪，它所经过的子午线（经线），叫本初子午线，又叫零度经线，它是地理经度和时区的起始点，那里测得的时间称为"格林尼治时间"，也称为"世界时"。

国际上统一将180°经线称为"国际日期变更线"。当你由西向东跨越国际日期变更线时，必须在你的计时系统中减去一天；反之，由东向西跨越国际日期变更线，就必须加上一天。

格林尼治天文台

北京时间

我国幅员辽阔，从西到东横跨东五、东六、东七、东八和东九五个时区。中国统一采用首都北京所在的东八时区的区时作为标准时间，称为北京时间。北京时间比世界时早8小时，即：北京时间=世界时+8小时。

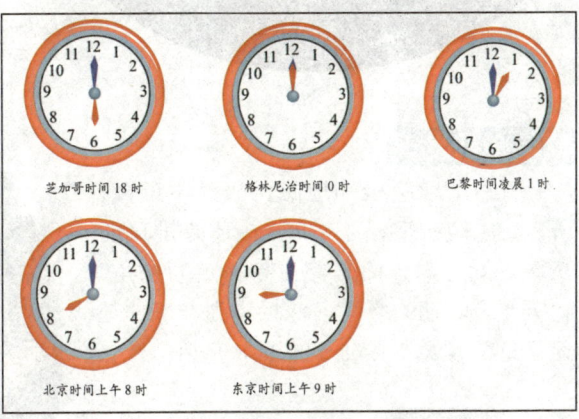

芝加哥时间18时　格林尼治时间0时　巴黎时间凌晨1时

北京时间上午8时　东京时间上午9时

在宾馆和机场等许多地方，都挂着显示不同地方时间的钟表。

日界线

日界线是地球上一日开始和结束的界线，是东西12区的共同经线，即东西180°经线。新的一天从这里诞生，向西环球一周后又会回到诞生的地方。处在日界线上的两个时区钟点相同，日期相差一天。从这个意义上说，当日界线的西面是"今天"时，东面还是"昨天"。

保护生物的外套——地球磁场

太阳并不是个安分的星球,它常常爆发风暴,以致殃及我们地球。太阳所喷发出来的强烈射线和高能粒子不仅会使地球通信信号中断,卫星失灵、飞船轨道下降,还会危及我们人类的生命健康。幸好地球有一把功能不错的"保护伞",那就是地球磁场。

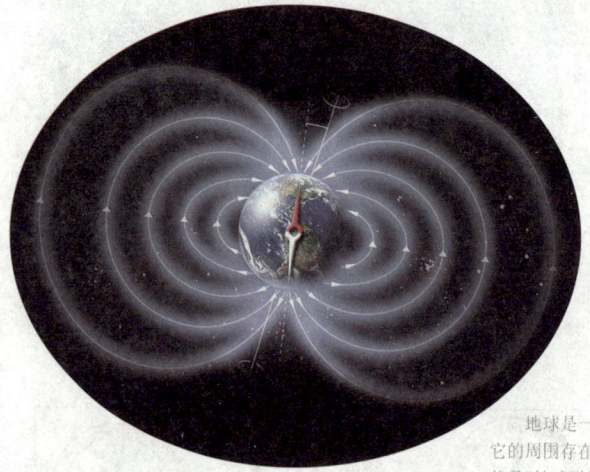

地磁场的南北极

跟具有吸附力的磁铁一样,地磁场也具有南北极,磁力线贯穿南北,地磁北极在地理南极附近,地磁南极在地理北极附近,两极附近的地磁场最强,赤道附近的地磁场最弱。

地球是一个被磁场包围的星球,它的周围存在着看不见的磁力线,这就是"地球磁场"。

磁偏角的发现

由于地理两极和地磁两极并不重合,所以,指南针所指的南北方向不是准确的正南正北方向,而是存在着一定的偏角,我国北宋时期的科学家沈括率先准确地记述了这一现象,比西方早了400多年。

沈括是宋代杰出的科学家,于天文、方志律历、音乐、医药、卜算方面均有建树。

古代的人们首先发现了磁石引铁的性质,后来又发现了磁石的指向性。

磁 石

磁石是一种具有强磁性的矿物，它吸引铁或钢等物体。常见的磁石有两种：黄铁矿与磁铁矿，它们都是铁的化合物。

地磁场与矿物

地球上某些地区的岩石和矿物具有磁性，地磁场在这些埋藏矿物的区域会发生剧变，利用这种地磁异常的现象，可以探测矿藏，寻找铁、镍、铬、金以及石油等地下资源。

一个磁体无论多小都有两个磁极，可以在水平面内自由转动的磁体，静止时总是一个磁极指向南方，另一个磁极指向北方。

地磁场与候鸟

对于需要长途迁徙的鸟类而言，对地磁场的感觉将大大有助于它们判定方向，所以，候鸟一般都具有感知地磁场的能力。

候鸟迁徙的时候，地磁场可帮助它们辨别方向。

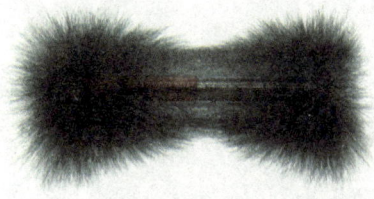

磁场的吸附力很强

地磁场与睡眠

专家认为，地磁影响着人的睡眠质量。人体内的水分子好比一根小小的指南针，在地球磁力线的作用下不停摆动。如果人是南北睡向，那么水分子朝向、人体睡向和地球南北磁力线方向三者一致，这时人最容易入睡，睡眠质量也最高。

地磁场与通信

地磁场的变化能影响无线电波的传播。当地磁场受到太阳黑子活动而发生强烈扰动时，远距离的通信将受到严重影响，甚至会中断。

地磁场对人们现代的通信也会有直接的影响

缥缈的面纱——地球的大气层

在地球引力的作用下，地球的外部聚集了厚厚的一层大气，它是一种混合气体，主要成分是氮和氧，没有颜色和气味，既看不见又摸不着。大气层好比是地球的一件"外衣"，它均衡地保护着地球的"体温"，使地球的万物不致受到来自宇宙的侵害，我们人类就生活在大气层中。

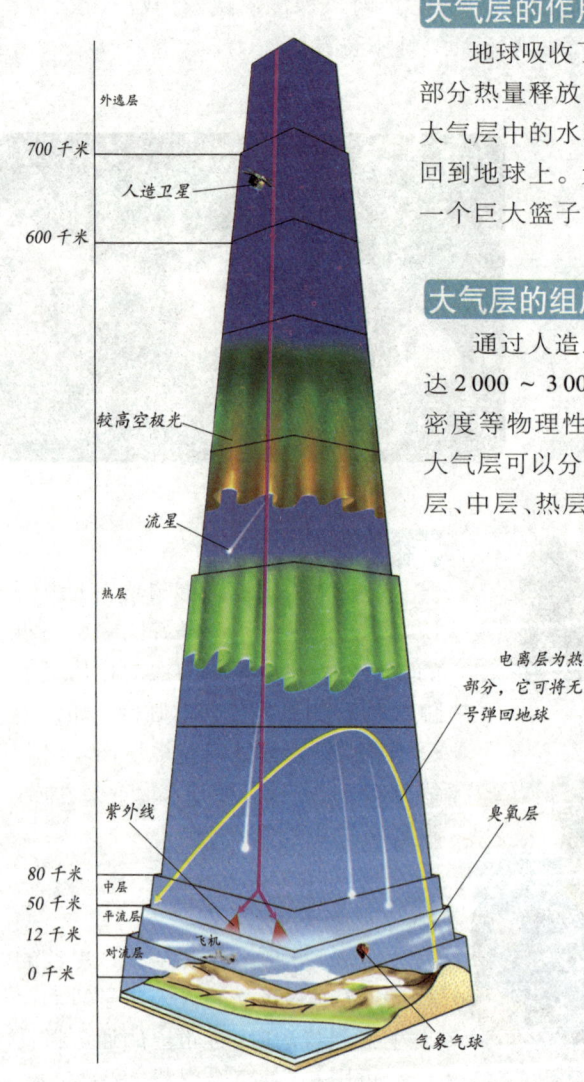

大气层示意图

大气层的作用

地球吸收了太阳光后，再将其中的一部分热量释放到空气中，这些热量又被大气层中的水蒸气和云截留住，重新返回到地球上。大气层就像罩在地球上的一个巨大篮子，使地球变得温暖、舒适。

大气层的组成

通过人造卫星，我们知道大气层厚达2 000～3 000千米，根据大气的温度、密度等物理性质在垂直方向上的差异，大气层可以分为五层，包括对流层、平流层、中层、热层和外逸层。

大气的成分

大气的主要成分是氮，按其重量计算，它占到了大气的78.09%，此外，氧占20.95%，氩占0.93%，二氧化碳占0.032%，其余的是其他气体。

日益变暖的地球

人类和其他生物的活动会引起大气的变化。目前,大气中二氧化碳的含量在增加,这主要是由于大量燃烧煤、石油、天然气造成的。大气中二氧化碳含量的增加将使地球上的气温越来越高。

全球变暖将会导致冰川融化,海平面上升,造成严重的后果。

反射无线电波

无线电波的传播速度和光速一样,30万千米每秒。在暖层和散逸层里有一些离子和自由电子,它们能将无线电波反射回地面,无线电波就能沿地球表面的曲线传播到世界各地了。

火山喷出的熔岩

火山的威力

在巨大的火山爆发中,从地底下喷涌出的岩浆,有时可以把尘埃抛到大气里,这些尘埃能在空中旅行3年,周游半个地球后再回到地面上。

穿越大气层

地球对大气层有着巨大的吸引力,所以大气层才能紧紧地环绕地球。如果宇航员想要离开地球去太空探索,就必须克服地球的引力。他们只有以大于7.9千米/秒的速度穿越大气层才能进入太空。

人造卫星在大气层中飞行时,会与大气发生摩擦,这时速度减小,测出人造卫星速度的变化,就能计算出大气的密度。

地球的卫星——月球

月球表面

在浩瀚无边的宇宙中,地球只有唯一的一颗天然卫星,那就是距离地球最近的月球,我们也叫它"月亮"。相对地球这个生命星球,月球是冷清而孤单的,它上面没有空气和水,更没有生命的存在。但是作为地球的卫星,月球的运转对地球的影响非常大,地球上潮汐的变化就是由它引起的。

不毛之地

月球上没有空气和水,不会产生风、云、雨、雪等气象现象,月面上温度变化剧烈等,这些条件都不适合生命的生存,所以,月球是一个没有生命的星球。

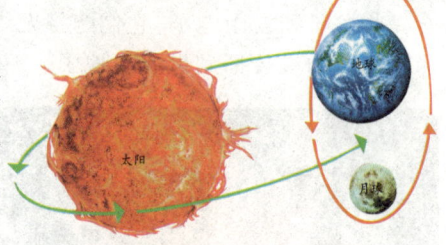

月球运动示意图:月球在自转的同时绕地球公转,而且还跟地球一起绕太阳公转。

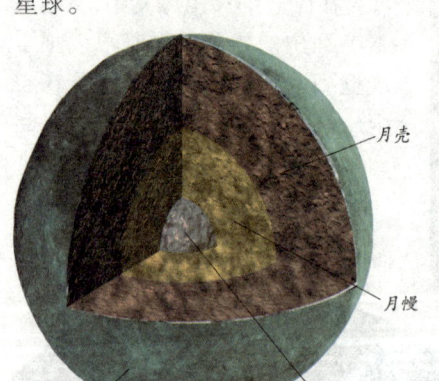

月球的结构

月球的结构

科学家经过研究发现,月球有一个含铁和硫的小核,它被一层半熔化状的岩石层所包围,该层外面是一层固态岩石,最外层是富含钙和铅的岩石壳。

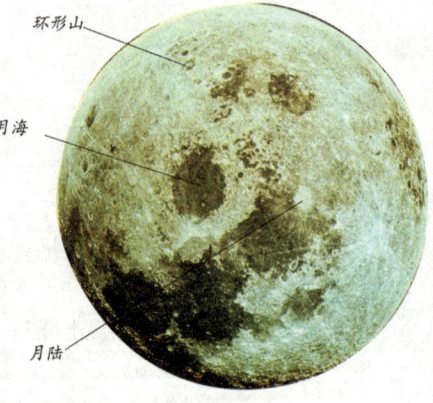

月球地貌

月球地貌

月球上有成千上万个环形山,有幽深、狭窄而弯曲的月谷,还有叫做"海"的干枯的大平原,传说中的嫦娥、吴刚、玉兔、桂树,其实都只是不同大小、不同形状的"月海"而已。月面上覆盖着一层称为"月壤"的细碎物质,由月尘、岩屑等物质构成。

巨大的温差

月面上温度变化剧烈，白天可达到127℃，夜间则降到-185℃。月球上没有大气层保暖，没有海洋调节，加上每次白天太阳连晒10天，黑夜也长达近半个月，所以白天和黑夜的温度差别非常大。

月　食

月球绕地球旋转，同时地球又带着月球围绕太阳旋转，当月球转到地球背着太阳的一面，并且恰好太阳、月球、地球处在同一直线或近似于一条直线时，地球挡住了照射到月球上的太阳光，我们看到的月球就失去了光明，这就是月食。

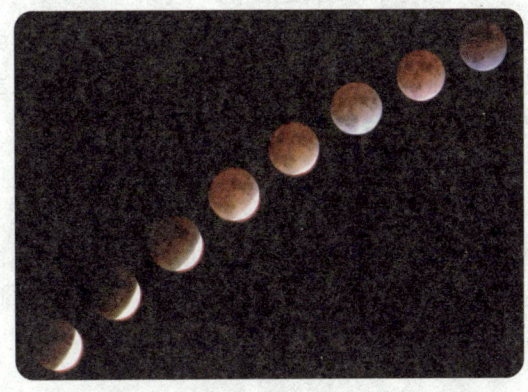

当月球不完全进入地球的阴影时，称为"月偏食"；当月球全部进入地球的阴影时，称为"月全食"。

潮汐的出现

月球对地球的重要影响是出现潮汐。潮汐是海水周期性的涨落现象，是海水的一种运动，它循环往复，永不停歇。月球对地球的引力使海水产生潮汐。

月亮的圆缺

月球绕地球公转时，它和地球、太阳的相对位置也在不断变化，月球被太阳光照亮的半面以不同的角度对着地球，因此，从地球上看，月球的形状也就有了圆缺的变化。

月　相

我们在地球上看月球，会发现它不同时候会呈现出不同的"样貌"，像镰刀的称"蛾眉月"；半圆形的称"弦月"；像一面明镜时称"满月"；全部黑暗时叫"新月"。月亮的这种盈亏变化就是月相，月相遵循着从新月到满月然后又回到新月的循环规律。

月相形成图

地球的两个端点——南北极

南极和北极是地球南北的两个端点，它们遥远而神秘，这里的环境条件恶劣，气候比其他地区寒冷得多，但这里也有着丰富的资源，极地对地球环境有重要的影响，所以人类不断地对这片土地进行探索。

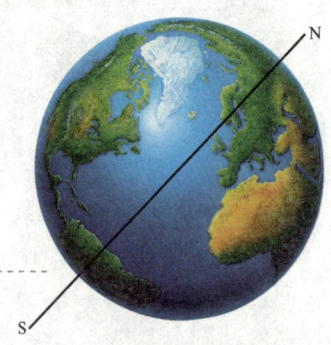

南 极

南极是指地球最南端的顶点，它所在的南极洲是全球最冷的大陆。南极是一个被冰雪覆盖着的世界，在白色的陆地上生活着许多可爱的动物，如企鹅、鲸等，在南极附近的海洋里则有丰富的海洋生物资源。

北极丰富的水域

北 极

北极是指地球最北端的顶点，北极地区是大片的水域，这是它和南极的最大不同点。另一点不同是，北极的生物种类虽然不多，但比起南极来是十分丰富的。

地球的风极

南极大陆是风暴最频繁、风力最大的大陆，风速在每小时100千米以上的大风在南极是司空见惯的。所以，南极又被称之为"风极"。

活泼可爱的企鹅给冰冷的极地增添了活力

北极最早的居民

北极地区到处都是冰冷的海水,这就是北冰洋。在北冰洋中漂浮着几块岛屿,那里生活着不怕冷的因纽特人。因纽特人是最早在北极生活的居民,他们住在冰雪做成的屋子里,通常以狗拉雪橇作为冰面上的交通工具。

因纽特人有令人惊叹的抵御严寒的本领,他们的交通工具主要是狗拉雪橇。

极地破冰船

破冰船是一种能在带冰航道上破冰前进的特殊的船,它常常被用来挑战冰海险恶的自然条件。破冰船能开启沉睡在冰天雪地之下的北极和南极的种种真相,是极地探险不可或缺的工具。

由于很多海域在冬季都会出现结冰的现象,所以很多国家都有破冰船,一些靠近北极的国家还拥有专门的北极破冰船。我国的"雪龙号"也是极地破冰船。

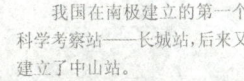

我国在南极建立的第一个科学考察站——长城站,后来又建立了中山站。

极　光

极光是一种彩色发光的自然现象,它是由太阳吹出的微粒撞击地球空气产生的,它通常出现在南北两极附近的高纬度地区。在北方的极光叫北极光,在南方的极光叫南极光。

极光多半发生在离地面约100千米的热层,一般呈带状、弧状、幕状或放射状,闪烁着绿色、红色、紫色的光芒,非常壮观。

漂移的大陆——大陆和大陆板块

地球诞生之初,所有的大陆都是成片连在一起的,非常完整。随着地球的成长和衍化,那些原本联结在一起的大陆逐渐分裂、漂移到了今天的位置,形成了如今的七块大陆以及四个大洋。这一点我们可以从世界地图中得到证实,如果你仔细观察就会发现大西洋两岸的非洲、南美洲的边缘地带可以像拼板一样联结成完整的一块。

陆地的基本单位

海洋形成一个不间断的水面,把地球上的陆地分为几个大板块和无数的小块。为方便起见,人们通常把海洋和陆地地区分为几大部分。最大的陆地单位有两个,一个是"大陆",另一个是"洲"。

世界最大的大陆

亚欧大陆是全世界最大的大陆,被称为亚欧大陆架。

大陆和洲的区别

大陆和洲是不同的,两者的主要区别在于:大陆一般指整个大陆板块本身,并且是与大洋相对而言的,四面完全或几乎完全为大洋所包围;而洲是以大陆为划分基础的,并且习惯上把大陆附近的各个岛屿都囊括其中。如亚欧大陆,分为亚洲和欧洲。

地球上的六个大陆

地球上共有六个大陆分散在海洋中间，它们分别是亚欧大陆、非洲大陆、北美洲大陆、南美洲大陆、南极洲大陆、大洋洲大陆，其中，欧亚大陆是欧洲大陆和亚洲大陆的合称，因此有的地方也说是七个大陆。

板块的移动

构成地表岩石圈的是六大板块，它们是太平洋板块、亚欧板块、印度-澳大利亚板块、非洲板块、美洲板块和南极洲板块。这些板块都在运动，相互挤压、碰撞，不断改变着地球的面貌。

六大板块漂移的方向示意图

大洲的例外

除亚欧大陆外，其他每个大陆几乎都构成一个大洲，特别是大洋洲，它是澳大利亚大陆和太平洋中部很多岛屿的总称。这样，就有了六个大陆和七个大洲。

大陆漂移说

20世纪初，德国物理学家魏格纳在看世界地图时，惊奇地发现了南美洲大陆和非洲大陆边缘形态正好可以拼接起来，从这里入手，他搜集了大量有关地质结构、气候、岩石和化石材料，研究了它们之间的相似性后，于1912年提出了大陆漂移说。

1912年，德国物理学家魏格纳提出了著名的大陆漂移说。

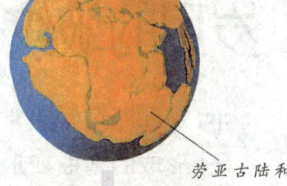

劳亚古陆和冈瓦纳古陆

1.35亿年前，大西洋已经张开

大约在1.8亿年前，联合古陆开始分裂

1 000万年前，大西洋扩大了许多，地球上的几大洲初步形成

大陆的漂移过程

岁月的皱纹——褶皱和断层

褶皱和断层都是常见的地质构造。褶皱是由于岩石之间的压缩作用而形成的弯曲变形;地壳岩层因受力达到一定强度而发生破裂,并沿破裂面有明显相对移动的构造就是断层。断层是由地壳运动中产生的强大压力和张力超过岩层本身的强度对岩石产生破坏作用而形成的。

褶皱的作用

褶皱只跟受到的压缩力有关,由于岩石受到的压缩力年代不同,于是地质学家就可以据此区分不同的地质阶段和地质年代。

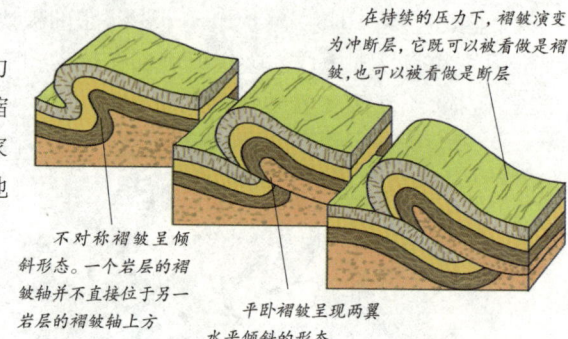

在持续的压力下,褶皱演变为冲断层,它既可以被看做是褶皱,也可以被看做是断层

不对称褶皱呈倾斜形态。一个岩层的褶皱轴并不直接位于另一岩层的褶皱轴上方

平卧褶皱呈现两翼水平倾斜的形态

"A"形褶皱

褶皱的形式

褶皱可分为背斜和向斜两种形式。背斜指地层向上弯曲的拱起部分,向斜是地层向下弯曲的槽形部分,背斜在褶皱的顶部,呈"A"形,向斜在褶皱的底部,呈"V"形。

褶皱类型

因为岩层所受的力量不同,所产生的弯曲变形也不同,因此褶皱的形态变化多端。一个褶皱会从单斜褶皱变为不对称褶皱,然后再变成倒转褶皱,最后变为平伏褶皱。一系列重复褶皱还会产生更多平等的褶皱,叫做等斜褶皱。

断层的特点

断层是构造运动中常见的构造形态，它大小不一、规模不等，小的不足 1 米，大到数百、上千千米，但共同点都是破坏了岩层的连续性和完整性。在断层带上往往岩石破碎，易被风化侵蚀，沿断层线常常发育为沟谷，有时出现泉或湖泊。

断层

正断层常常代表地壳受到张力后沿着断面向两侧拉裂所造成的断面

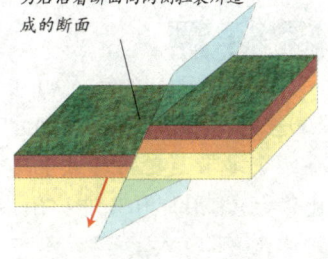

断层的类型

断层有三种类型：平移断层、正断层和逆断层。平移断层又叫横断层或走向断层，它是断层沿着断层面按水平方向的左右移动；正断层又叫倾向滑动断层，它是指沿着断面的倾斜角顺势下滑移动的断层；逆断层是岩块上滑高出另一岩块的断层，跟正断层相对。

逆断层往往是地壳受到两侧压力推挤所造成的，代表着地壳受到侧向的挤压紧缩所造成的断面，所以逆断层常和褶曲造山带共同出现

平移断层

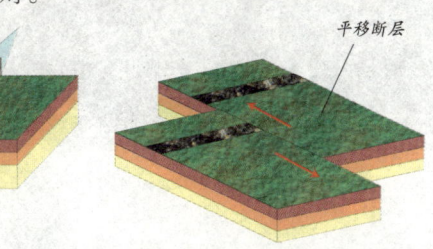

圣安德烈斯断层

贯穿于美国加利福尼亚州的圣安德烈斯断层是最大的平移断层。它是由于太平洋板块在上面擦过北美板块造成的，该断层正是两大构造板块之间的断裂线。在这里，北美板块正在向北移动，而太平洋板块则正在向南移动。

圣安德烈斯断层 3D 特写

地狱的通风口——火山

火山爆发是地球释放内部积蓄能量的一种方式,地球内部火红的岩浆从火山口流出,并喷出大量的气体尘埃和气体。对人类来说,这是一种灾难性的自然现象,它可在短期内给人类的生命财产造成巨大损失,然而火山爆发后遗留下来的火山灰富含营养,能提供肥沃的土地、热能和许多种矿产资源,还能提供旅游资源。

火山爆发可使当地气温降低,因为火山灰停留在天空中使一部分太阳光不能抵达地球表面。

火山的分布

地球上已知的活火山共有500多座,它们比较集中地分布在四个地带,包括:环太平洋火山带、红海沿岸和东非火山带、地中海-印度尼西亚火山带和洋底火山带。

火山的种类

按火山活动情况可将其分为三类:活火山、死火山和休眠火山。死火山指以前发生过喷发,但有人类历史记录以来一直没有发生喷发的火山;休眠火山就是长期以来处于相对静止状态的火山;活火山是指今天还在不断进行喷发活动的火山。

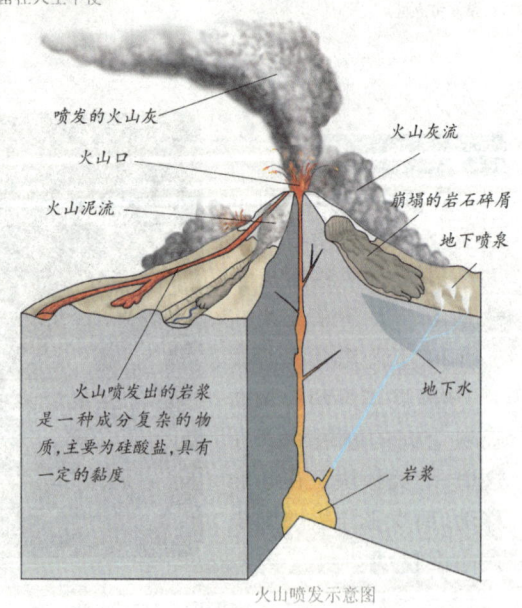

火山喷发示意图

最活跃的活火山

意大利的埃特纳火山是被记录得最早的活火山，自公元前1 500年起，就有关于它的活动记载，间隔2～20年就会喷发一次，到2002年3月，已记载有211次，是世界上喷发次数最多的活火山。

埃特纳火山下部是一个巨大的盾形火山，上部为300米高的火山渣锥，说明在其活动历史上喷发方式发生了变化。埃特纳火山处在几组断裂的交汇部位，一直活动频繁。

欧洲大陆唯一的活火山

维苏威火山是世界最著名的火山之一，它位于意大利那不勒斯湾之滨，海拔1 277米，火山口周边长1 400米，深216米，是欧洲大陆唯一的活火山。

从庞贝古城遗址看到的位于西北方向的维苏威火山

各异的形成

火山的外形各异，有像三角锥的尖形；有像盾牌的扁形，造成这不同形状的原因是由堆积在火山四周的不同物质形成的。

阿根廷境内的阿空加瓜山是世界上最高的死火山，海拔6 959米，不但是美洲最高的山，也是亚洲之外最高的山峰。

大地的颤抖——地震

和火山爆发一样,地震也是一种由地壳运动造成的自然现象。当地壳运动很频繁、剧烈地发生时,大地就发生震动了。强烈的地震会在几分钟内使整个城市变成废墟,造成大量人员的伤亡,同时,还会引发火灾等灾难。人们想尽办法探寻有关地震的各种奥秘,希望能将其损害降到最低限度,做到防患未然。

地动仪

最早探测地震的仪器

世界上最早可以探测到地震的仪器是由我国东汉时期天文学家张衡发明制造的"地动仪"。该仪器外壁均匀地分布着八条口含铜丸的铜龙,每条龙的下方各有一个张开嘴的蟾蜍。地震来时,朝向地震发生方向的那条龙嘴里的铜丸就会掉到下面蟾蜍的嘴里。

基本概念

提到地震,常常会涉及几个基本概念:震源:地球内部直接发生破裂的地方;震中:地面上正对着震源的地方;震中距:震中到地面上任一观测点的距离;震源深度:震源到震中的距离;极震区:震后破坏程度最严重的地区。

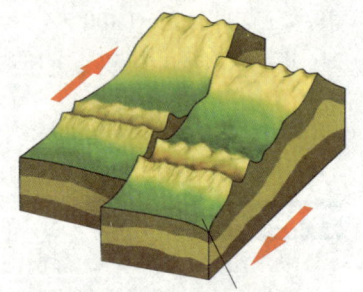

地震主要是由岩层断裂引起的

地震造成的灾害

地震灾害

强烈地震会直接和间接造成破坏,进而成为灾害。地震灾害破坏程度除了与震级大小有关外,还与震源深度、距震中远近、震中区的地质条件、建筑物的抗震性能、人们的防震抗震意识、应急措施和预报预防程度等有关。

横波和纵波

当地震发生时,我们能感受到上下在动,其实这是由于纵波到达的缘故。紧接着,横波就过来了,横波总是慢于纵波,不过它的破坏性却比纵波强得多。

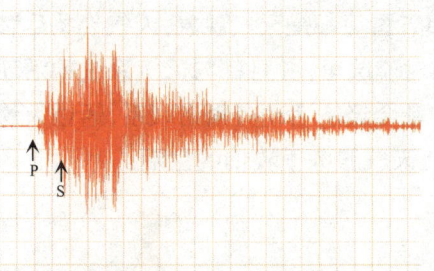

纵波(P)传播方向如蚯蚓运动一样伸缩前进;横波(S)传播方向是上下或左右摇摆前进,速度较慢,但影响范围大。

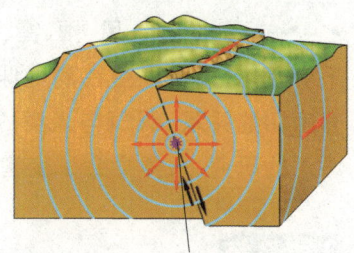

震源位于地球内部,是地震震动的发源处,地面上与震源正对着的地方称为震中。震中附近震动最大,一般也就是破坏最严重的地区。地震时,震动以波的形式从震源向四面八方传播出去

地震等级划分

震级	地 震 现 象
震度0级	人体没有任何感觉,但地震测量仪上有记录
震度1级	静坐室内或留心地震的人会有所感觉
震度2级	大部分人都会有感觉,而且门窗也会微微震动
震度3级	房屋摇动,电灯或水缸中的水会摇晃
震度4级	房屋剧烈摇动,水缸中的水溢出,行人此时也能感觉到地面的摇动
震度5级	墙壁出现裂纹,石墙或道路坍塌
震度6级	少部分房屋会倒塌并有地裂出现,人无法站立
震度7级	大部分房屋倒塌,出现山崩地裂

经地震袭击后的铁路变得弯弯曲曲

地震造成的房屋坍塌,汽车被压毁。

地震震级

地震大小根据其释放能量的多少划分,用"级"来表示。震级是通过地震仪器的记录计算出来的,地震越强,震级越大。地震灾害的严重性就跟震级有关。

地球的晴雨表——天气

天气是指某一地区在某一时段内由各种气象要素所综合体现的大气状态,如阴、晴、风、雨、雷、电、雾、霜、雪等都是天气现象,天气现象尽管千变万化,却都发生在离地球最近的对流层里,并且都与天气系统的活动有密切的关系。天气与人类的生活和社会经济活动有紧密联系,通过大量深入的研究,人类学会了变害为利,让天气服务于我们的生活。

天气系统

天气系统是指具有一定的温度、气压或风等气象要素空间结构特征的大气运动系统。如有的以空间气压分布为特征组成高压,低压,高压脊,低压槽等;有的则以风的分布特征来分,如气旋,反气旋,切变线等;有的又以温度分布特征来确定,如锋;还有的则是以某些天气特征来分,如雷暴,热带云团等。

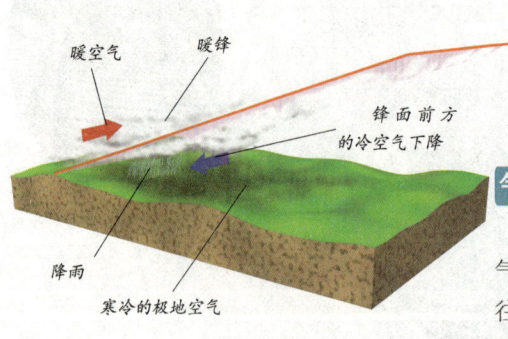

暖锋示意图

晴雨表水银柱

气 团

大规模的空气团块叫气团。气团在经过陆地或海洋上空时,往往会受到陆地或海洋的影响,变成暖气团或冷气团,干燥的气团或潮湿的气团。气团覆盖的范围有时可达100万平方千米。

气压与天气

世界各地气压都不一样。大气中心气压高于四周区域的,叫高压;大气中心气压低于四周区域的叫低压。高压和低压每天不停地移动,天气随着发生变化。高压一般带来晴朗干燥的天气,而低压容易形成多云雨的天气。

高气压下阳光灿烂的晴天

气象卫星

气象卫星是为提供各种气象资料而设计的人造地球卫星。与太阳同步的气象卫星绕地球1周需约100分钟，与地球同步的气象卫星绕地球1周的时间大约为24小时。气象卫星从高空对地球进行气象观测，给我们提供海洋、高原、沙漠等全球范围的气象观测资料。

高原上的气象站

天气预报的作用

天气具有瞬息多变的不稳定性，但有一定规律性，每种天气系统都具有一定的天气特点。因此，掌握天气系统的演变和移动规律就能分析出未来的天气变化，减免天气带来的危害，这是生产发展的一个重要保障。

气象符号

天气的变化情况可以用专门的气象符号来描述，这是天气预报中常见的表示方法。不同的符号代表不同的天气，利用这些符号可识别出简单的天气情况。

晴雨表

蜜蜂也能对天气变化作出迅速反应。晴天，它们争先恐后飞出蜂箱采蜜；阴雨天，它们迟迟不肯离开蜂箱；天气突变时，很多蜜蜂会急忙进巢；如果它们出巢在细雨中采蜜，就表示连续的阴雨天气将结束。

蜜蜂对天气变化有很强的反应

精确的天气预报

自然界许多动植物都具有预报天气的能力。如蚂蚁对气压和温度等自然条件的变化很敏感，通过观察蚂蚁"搬家"的情况，就可对天气作出准确的预计。如果它们往高处"搬家"，说明不久就要下大雨了；如果它们往低处或者河边"搬家"，那就表明天要大旱了。

蚂蚁搬家

大自然的旋律——气候和生态

某一个地区多年的天气状况就是我们所说的气候,这是一种复杂的自然现象。地球上的气候种类很多,大致可以分为热带、温带、极地、大陆性、海洋性、季风性、地中海、雨林、沙漠、草原等气候类型。不同地区的气候常常是多种条件综合作用的结果,这些多样的气候类型基本遵循着从南到北、沿纬度圈排列,呈带状分布的规律。气候对生活在地球上的人影响很大,人们对它的研究也非常全面。

地球最热的地方

因为获得太阳的光热最少,所以地球南北两极最冷。按此推断,接收太阳光热最多的赤道应该是最热的地方,其实不然,地球最热的地方在亚热带和温带的大沙漠。

在全世界最炎热的撒哈拉沙漠,形成了明显的沙漠气候特点:降雨稀少,气候干燥,多风沙;冬季寒冷,夏季酷热,年温差和日温差都很大。

世界季风气候最显著的地区

世界上季风气候最显著的地区是亚洲东部。因为欧亚大陆是世界上面积最大的大陆,而东临的太平洋是世界上最大的洋,它们所产生的热力差异最大。

太平洋

世界年温差最小的地点

基多是南美洲厄瓜多尔的首都,这座位于赤道的山城,海拔2 800多米,年平均气温14℃,最冷月与最热月的平均温差只有0.6℃,是世界上年温差最小的地方。并且这里早晨、上午、晚上、夜间的气温依次如同春、夏、秋、冬,可以说是一天分四季。

厄瓜多尔的赤道纪念碑

影响气候的因素

地理位置是影响地球上气候的主要因素,距赤道远近通常能决定一个地区的气候,靠近赤道的地区气候炎热,远离赤道的地区气候寒冷。此外,距离海洋的远近和海拔高度也是影响气候的因素。

人类的活动与气候

人类的活动与气候关系密切,人类的生产生活会在一定的区域范围内改变气候状况,如果改变得不合理,气候会对人类造成危害。

热带雨林区大多分布在赤道地区,全年雨量充沛,植物生长茂密。

热带草原气候

热带草原气候分布在非洲大陆西部和中部的热带雨林气候带的两侧,特点是一年分为明显的干季和湿季,非洲分布面积最大的气候就是这种气候。湿季时,风从海上吹来,降水丰富,稀树草原上的草能长到两米高,树上的枝叶嫩绿,可供草原上斑马、长颈鹿、羚羊等植食动物的需要。

非洲的萨瓦那稀树草原是热带草原气候,湿季时,降水丰富,植物生长茂盛,给动物提供了充足的食物。

喜怒无常的"隐身人"——风

地球每一个角落的温度都不完全相同,这让我们周围的空气在不断运动,空气的运动就带来了我们熟悉的风。风是一种很方便的动力,人们可以利用它来做很多事情,如推动船只航行、转动风车代替人工劳动、利用风力发电等。然而风并不是时刻都是这么温顺的,台风、龙卷风也常常为人类带来毁灭性的灾害。

风 级

风的大小对人们的生活影响很大,为了测量风的大小,人们把风分为0~12级,这个衡量标准就是风级。6级以上的风会对人们的生产生活造成影响。

台风带来的强降雨往往引起山洪暴发

龙卷风

龙卷风是一种强烈的旋风,它的上端与积雨云相接,下端有的悬在半空中,有的直接延伸到地面或水面,一边旋转,一边向前移动。龙卷风的破坏力非常惊人,它不仅可以将大树连根拔起,还能把100多吨的重物举到10米以上的高空,并摔出百米远。

龙卷风影响范围虽小,但破坏力极大。

风筝

风筝是人类最早的飞行工具,它是靠风的推力升扬于空中的,曾用于军事。如今,放风筝已发展成一种有益于身心健康的文化活动,老少皆宜。

帆船

帆船是依靠风力来行驶的,帆板在前进时根据风向,需要不断调整帆的角度,因此,操纵帆船的人必须要掌握各种技巧,才能乘风破浪。如今,帆船运动已经发展成为集娱乐性、观赏性、探险性、竞技性于一体的项目。

顺风时,只需张开帆就能在风力的推动下快速前进。

风车

风车是古代留传下来的一种既实用又有效率的重要工具。有风时,风力便能推动风车的扇叶转动,然后带动磨、水车等工具进行脱谷、磨面、灌溉等繁重的劳动。几千年以前,中国、埃及和波斯,都曾经使用过风车。

风车在风中旋转,风越大转动越快,这是利用了作用力与反作用力的物理学原理。

风力发电

风是一种便捷的动力,人们可以利用它来发电。风力发电具有成本低、无污染且取之不尽等特点。所以地球上许多风大的地方都建起了风力发电站。但这种无公害的能源也存在缺点,那就是风力不稳定,风力和风向时常改变,能量无法集中。

风力发电由电脑控制桨叶随风转动,这样桨叶的旋转力就转变为电力了。

缥缥缈缈——云和雾

地面的空气从河流、湖泊、海面和陆地吸收了水分后向上蒸发，当这些湿热的空气上升到一定高度后，由于温度下降，携带的水蒸气围绕空气中的尘埃凝结成极细小的水滴或冰晶，许许多多的水滴或冰晶越集越多，最后就形成了云。而雾是一种位置很低的云，空气在靠近地面的地方冷却，往往形成雾。

看云测天气

气象学家根据高度把云分为高、中、低三种；按形状、结构和成因，云又被划分为10种国际云级。每一种云都预示着未来的天气，所以气象工作常常通过观察云来预测天气。

千姿百态的云

云千姿百态，洁白、光亮，一丝一缕的叫"卷"；弥漫大片，均匀笼罩大地不见边缘的叫"层"；一堆堆、一团团拼缀而成，并向上发展的叫"积"。

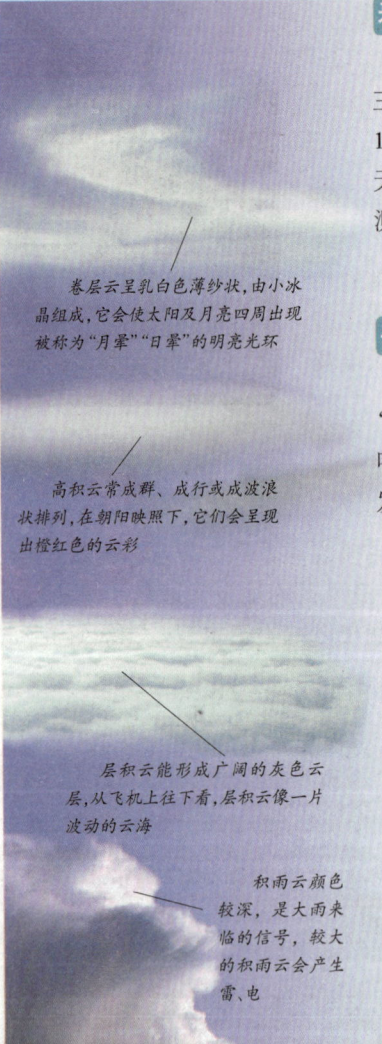

卷层云呈乳白色薄纱状，由小冰晶组成，它会使太阳及月亮四周出现被称为"月晕""日晕"的明亮光环

高积云常成群、成行或成波浪状排列，在朝阳映照下，它们会呈现出橙红色的云彩

层积云能形成广阔的灰色云层，从飞机上往下看，层积云像一片波动的云海

积雨云颜色较深，是大雨来临的信号，较大的积雨云会产生雷、电

被层云笼罩的森林

层 云

层云是灰色的，常覆盖了整个天空，看上去像空中的薄雾。在丘陵地区，层云往往像一层潮湿的薄雾笼罩着地面。

冰雹

冰雹是冰冻的雨滴，它在厚厚的积雨云中形成。

冰雹常砸坏庄稼，威胁人畜安全，是一种严重的自然灾害。

在寒冷的清晨，从河面或海面蒸发的水汽会凝结形成薄雾，雾天能见度很低，给人们出行造成不便。

雾

云在空中飘浮的过程中，遇到气温下降，接近地面的水蒸气就会凝结成悬浮的微小水滴，也就形成了雾。来自陆地的暖空气飘到寒冷的海面，就会形成海雾。在北冰洋，雾从海面上升起，就像是水蒸气从沸水里冒出来，这种雾被称为海烟。

雾害

大雾也会造成灾害，起雾的时候，能见度降低，无论在陆地上还是海上，大雾都会引发事故。1962年，在伦敦的一场大雾中，两列火车相撞，造成90人死亡，许多人受伤。

雾城

中国的重庆市除了有"山城"的别称，还是一个典型的雾城，这里年平均雾日超过90天，最多的年份能达到200天以上。每到深秋和冬季，重庆的江面大部分时间都在浓雾的笼罩下，整个城市都会陷入一片雾海当中。

天空的眼泪——雨

雨是从天而降的水，它和雹、雪一起被称为降水。当云中的水珠凝结到足够大、无法悬浮在空中时，它们就会落下来从而形成雨。世界降水量的分布很不均匀，有的地方几乎每天在下雨，有的地方却一年都很少下雨。

一滴雨水中至少包含了1 000多个细小的小水滴，这样雨水才能重得挂不住而从云中落下来。

世界年降水量最少的地点

智利最北部的小镇阿里卡是世界年降水量最少的地方，年平均降水量仅为0.5毫米。

世界年降雨天数最多的地区

智利还是世界年降雨天数最多的地区，该国国内的菲利克斯湾平均每年有325天下雨。

世界史上最大的暴雨

世界上有些地方，常常有倾盆而下的暴雨，给人们带来严重灾害。1小时降雨量在16毫米以上的雨被称为暴雨。世界历史上最大的暴雨发生在1964年，当时印度洋上的留尼旺岛24小时内最大的雨量达到了1 870毫米。

雨后的天空经常可以看到美丽的彩虹，这是由于太阳光照射到空中的水滴，光线发生反射与折射现象形成的。

世界最多雨的地方

世界最多雨的地方在威尔里尔和乞拉朋齐。夏威夷群岛的威尔里尔，年平均降水量达 11 680 毫米；而印度的乞拉朋齐，1960 年 8 月到 1961 年 7 月，出现了 26 461.2 毫米的最高记录。

下雨天

奇怪的雨

世界上还有许多奇怪的雨，虾雨、鱼雨、麦子雨等都曾在世界各地出现过，这些都是龙卷风肆虐的把戏，是它将陆地上的物品卷走吹到别的地方再从天空落下形成的。

酸　雨

酸雨是指 pH 值小于 5.6 的雨雪或者以其他方式形成的大气降水。5.6 这个数据来源于蒸馏水跟大气里的二氧化碳达到溶解平衡时的酸度。酸雨里含有多种无机酸和有机酸，绝大部分是硫酸和硝酸，通常以硫酸为主，其侵蚀性非常强。

洪水灾害

如果暴雨连续多日，在短时间内有大量的水流入江河，水量超过江河的输送能力，就会发生洪水，造成灾害。

洪水灾害

植树造林，保护树木是防止水土流失、改善生态环境的重要措施。

植树防洪

雨水降到地面后，如果地面是光秃秃的，坡度又大，水很快就流走了；如果地面有很多草和树，水就会渗入地下，不会很快流走，河里的水也就不会猛然上涨了。所以，多种草、多植树就能起到防洪的作用。

大地的"冬装"——雪

雪花是云层里的水汽凝成的小水晶,在温度为-20 ~ -40℃之间的云层凝成。这些微小的冰晶互相黏结在一起,形成雪花。当上升的气流托不住的时候,雪花就从云中飘落下来。点点雪花飘飞,给大地披上美丽的"冬装",人们在这浪漫的氛围里尽情遐想。

独一无二

由于每一片雪花周围的水汽多少各不相同,就决定了每朵雪花的形状都是独一无二的。科学家用显微镜观察过成千上万朵雪花后得出的结论是:形状、大小完全一样的雪花在自然界中是无法形成的。

暴风雪的天气,给交通带来不便。

彩色的雪

地球上还下过红、黄、褐等彩色的雪。1959年,南极洲拉扎列夫浮冰站上空,飘起了红色的大雪;1962年,前苏联奔萨州飘下一片黄中带红的雪;此外瑞士高山区还下过褐雪。这些彩色的雪是低等植物红藻、黄藻等藻类繁殖后形成的,这些藻类被暴风刮到高空,同雪片相遇,粘在雪片上,把雪片染成了各种颜色。

冰帽因表面光亮洁白,能反射太阳的热能,所以即使在夏天也能保持寒冷。

被风雪损坏的房屋

雪灾

大规模降雪也会为人们的生产和生活带来灾难，遭遇特大暴风雪袭击的地方，不仅会造成气温骤然下降，风雪弥漫，而且在一些沿海地带还会造成洪水泛滥、海水猛涨、火车出轨、船只沉没等灾害。

下雪最多的地方

世界上下雪最多的地方是位于美国华盛顿州的雷尼尔山，这座被冰雪覆盖的山峰海拔4 392米，是美国最高的火山。如今，雷尼尔山已成为美国著名的旅游胜地，每年都有200多万游客到此观光、登山和滑雪。

雪崩

在山地附近，常有大量积雪从高处突然崩塌下来形成雪崩。引起雪崩的原因很多，一般是积雪堆积过厚，超过了山坡面的摩擦阻力时，或者基底被春雨所松动、温暖干燥的风、声音的震响等都使积雪开始运动，崩塌就开始了。雪崩是一种严重的自然灾害，一旦发生，势不可挡。成千上万吨的积雪夹杂着岩石碎块，以极高的速度从高处呼啸而下，所过之处一切都被扫荡干净。

刚崩落的雪中仍保存有空气，因此被雪崩埋着的动物或人，可以存活一段时间。

六月飞雪

雪不是冬天独有的景观，世界上有的地方，在快到夏季的6月份也有过下雪的记录。1861年西欧和北美都曾"六月飞雪"。

堆雪人是大人和孩子在冬季非常喜欢的一种游戏

瑞雪兆丰年

民间有句俗语叫瑞雪兆丰年，此话不假，这是因为刚落下的雪，间隙里充满了空气，覆盖在大地上，犹如一条巨大的毯子保护着越冬的植物不被冻死。等到来年春暖花开时，冰雪融化，大地水量充足，庄稼就能长得茂盛。

宙斯的武器——雷电

当云团产生大量静电,云团之间或云团和地面之间的电位差很大时就会发生猛烈的放电现象,产生耀眼的巨大电花,这就是闪电。闪电能使周围的空气温度一下子升到30 000℃,这个高温是太阳表面温度的5倍。空气骤然升温,急速膨胀,就会发出轰隆隆的响声,这就是雷鸣。闪电和雷鸣是一种自然现象,它们可能带来一系列的麻烦与灾难,但人类通过对它们深入的认识与研究,做到了防患未然。

被闪电击中的树木燃烧,很有可能引发火灾。

电击

闪电总是沿最近的路直达地面,高大的树木和高层建筑最容易遭受闪电的袭击。闪电来时,如果站在大树附近很容易触电,所以这非常危险,但是待在汽车里就相对安全,因为即使闪电打到车上,它也会通过橡胶轮胎传到地下。

先闪电后雷鸣

闪电和雷鸣几乎是同时发生的,但处在地球上的我们总是先看到闪电再听到雷声,这是由于光的传播速度比声音快的缘故,如果在看到闪电后过5秒钟听到雷声,这说明雷暴发生在1.7千米以外。

闪电的形状

我们经常看到的闪电是那种像树枝一样的线状和带状闪电。还有一种罕见的球状闪电,它是一个直径约几厘米到几十厘米的耀眼发光的火球,呈红色、白色或蓝色。

球状闪电的时间不长,大约为几秒钟到几分钟,球状闪电消失以后,在空气中可能会留下一些有臭味的气烟,有点像臭氧的味道。

闪电里的生机

氮是植物必不可少的养分，而大气中的氮无法被植物直接利用，闪电时的高温使空气中的氮和氧化合成氧化氮，随雨水进入土地，稀释成硝酸，硝酸再与土壤中的矿物发生作用，形成硝酸盐，被植物吸收。因此，闪电有利于植物生存。

跨步电压

遇到打雷闪电的暴雨天气，最好蹲在地上，不能快速奔跑，因为有可能产生跨步电压。所谓跨步电压是雷击点附近两点间很大的电位差，若人的两脚分得很开，分别接触相距远的两点，则两脚间便形成较大的电位差，有可能引来雷击。

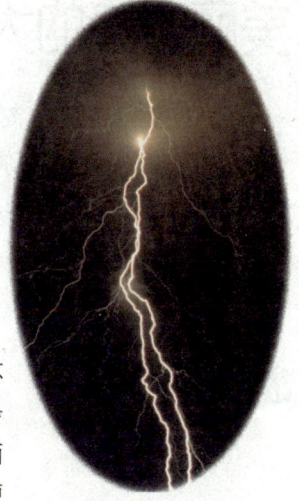

线状闪电或枝状闪电是人们经常看见的一种闪电形状，它有耀眼的光芒和很细的光线。这种闪电对人类危害很大。

美国科学家富兰克林发明了避雷针

诱雷触发器

雷电往往会给人类带来灾害，所以科学家们研究避雷消雷技术对雷暴进行控制。美国有一种火箭诱雷触发器，它前端装有金属丝，雷暴前，将它发射到几百米的天空，金属丝就会诱发雷云放电，及时消除雷暴。

威力较小的先导闪电将周围的空气离子化，并以"之"字形到达地面。

美丽富饶的大陆——亚洲

亚洲是亚细亚洲的简称,方圆约4 400万平方千米,是世界上面积最大的洲。古希腊人称自己国家以东的地方为"亚细亚",这在古叙利亚语中是"日出之地"或"东方"的意思。这块富饶的土地是古文明的发源地之一,是亚欧大陆的主体,在地理上习惯分为东亚、东南亚、南亚、西亚、中亚和北亚。

伊朗的地毯

位于亚洲西部的伊朗是个历史悠久的古国,古波斯语意为"光明"。我国古代史书上将其称为"安息国",公元前6世纪称"波斯"。伊朗的传统手工业非常出名,尤其是地毯纺织。伊朗出产的波斯地毯,图案精美、色泽鲜艳,远销世界各地。

伊朗人在制作地毯

东南亚之最

东南亚是世界天然橡胶、油棕、椰子、蕉麻等热带经济作物的最大产地;同时,它还是世界华人和华侨分布最集中的地区。

椰子是东南亚主要的经济作物之一

缅甸的瑞光大金塔

万塔之国——缅甸

位于东南亚中南半岛西北部的缅甸是一个佛教之国,国内信奉佛教者占全国人口80%以上,而且该国拥有佛塔10万多座,平均每300人有一座。如果将缅甸所有的佛塔排成一列纵队,长度在1 500千米以上,所以,缅甸也有"万塔之国"的盛称。

日本的子弹头火车

日本的新干线

日本是个面积狭小的岛国,但其火车网络是世界首屈一指的,并且该国的高速铁路系统——新干线更是全球最先进的火车系统之一,在新干线上行驶的列车能以时速300千米的速度高速前进,像一个让人猝不及防的子弹头。

千佛之国——泰国

位于亚洲中南半岛中部的泰国享有"千佛之国""黄袍佛国"的盛誉,其国内有95%的居民信奉佛教,全国的寺庙有3万多座,到处充满了佛教的神秘色彩,吸引了全球各地的游客到此旅游。

在泰国,大象象征着吉祥,被视为泰国的国宝。

朝鲜舞蹈

朝鲜的民族服装

朝鲜传统的民族服装别具特色。男装以白色的短袄、肥裤、坎肩、长袍为主要特点。女装以短袄、紧身长裙和统裙为主要特色,衬托出朝鲜妇女温柔、含蓄的性格。

印度的泰姬陵

印度的泰姬陵是世界七大建筑奇迹之一,这是一座集中了印度、中东、波斯建筑艺术特点的陵墓,被认为是印度伊斯兰建筑的代表之作。

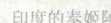
印度的泰姬陵

中国的万里长城

中国的长城是世界建筑史上的一大奇迹,它由一堵堵城墙连接而成,西起嘉峪关,东到鸭绿江,全长7 300千米,所以有"万里长城"的称号。中国的长城已被列入《世界遗产名录》。

中国的万里长城

风情万种的大陆——欧洲

欧洲是"欧罗巴洲"的简称,古代的闪米特人将西方日落的地方叫"欧罗巴",与东方日出之地"亚细亚"遥相对应。欧洲位于东半球西北部,亚洲的西面,面积约1 016万平方千米,是世界第六大洲,根据地理位置可分为东欧、西欧、南欧、北欧和中欧。欧洲是资本主义经济发展最早的一个洲,整体经济水平比其他各大洲高出许多,其科学技术、文化艺术等也走在世界前列。

"千湖之国"——芬兰

芬兰位于欧洲北部,国土面积约33万平方千米,有1/3的区域处于北极圈内,与冰岛同属世界上最北的国家。因为它的国境内有大大小小的湖泊18.8万个,占国土面积的10%,素有"千湖之国"之称。

芬兰的美丽湖泊

荷兰的风车

风车王国——荷兰

1229年,荷兰人发明了世界上第一座风车,从此开始了人类使用风车的历史,荷兰也因此有了"风车王国"的美称。在荷兰,随处可见一座座古朴而典雅优美的风车,它不仅被用来排水灌溉,还用来磨米发电。

古老的资本主义国家——英国

英国位于欧洲大陆西部，由大不列颠岛和爱尔兰岛东北部及附近许多岛屿组成，全称为大不列颠及北爱尔兰联合王国。英国是资本主义生产关系的发源地，经济较为发达。18世纪后期的工业革命也让这个国家最早走上了工业化的道路。

伦敦塔桥是英国的标志性建筑之一

"森林王国"——瑞典

位于北欧斯堪的纳维亚半岛东半部的瑞典，面积44.9万平方千米，是北欧五国中面积最大的国家。瑞典拥有极其丰富的森林资源，有"森林王国"的美称。

绿树、花丛掩映下的瑞典

西北欧桥梁——丹麦

丹麦位于欧洲北部波罗的海至北海的出口处，与德国接壤，西濒北海，北与挪威和瑞典隔海相望，是西欧、北欧陆上交通的枢纽，被人们称为"西北欧桥梁"。

艺术的国度——法国

法国位于欧洲大陆的西部，领土还包括地中海上的科西嘉岛，是欧洲面积最大的国家。高达301米的埃菲尔铁塔不仅是法国巴黎的象征，也是法国人的骄傲。

埃菲尔铁塔

根据丹麦著名作家安徒生的童话《海的女儿》雕塑出来的艺术作品

钟表王国——瑞士

位于欧洲中部的瑞士,以历史悠久的钟表工业闻名于世,素有"钟表王国"之称。目前,全国有近800家钟表厂,每年共生产钟表近5 000万只,占世界总产量的1/3左右。高达30亿法郎的钟表出口额是这个国家的重要收入之一。

在日内瓦有一处以花钟修建的著名景点,它的机械机构设置于地下,表盘上的鲜花可以随着季节的变化变换色彩。

欧洲的走廊——德国

德国是一个高度发达的工业国家,它位于欧洲中部,北濒北海和波罗的海,南靠阿尔卑斯山脉,是东西欧之间和斯堪的纳维亚半岛与地中海之间的交通枢纽,其间水、陆、空道路条条通过德国,被称为"欧洲的走廊"。

莫扎特雕像

勃兰登堡门是德国柏林的象征,照片中的勃兰登堡门是德国人民为了庆祝国家的统一而修复的。

音乐之邦——奥地利

奥地利是举世闻名的"音乐之邦",许多伟大的音乐家如莫扎特、舒伯特、贝多芬等都出生在这里或在这里度过了自己辉煌的创作生涯。奥地利的首都维也纳也是孕育音乐的乐土,不仅其新年音乐会是世界顶级的音乐盛典,而且这里也是华尔兹舞曲的故乡。

城中之国——梵蒂冈

面积只有 0.44 平方千米的梵蒂冈是罗马的城中之国,这个当今世界上最小的国家之所以闻名于世,是因为这里是天主教皇的所在地,在全世界广大天主教徒心中,梵蒂冈是至高无上的精神中心。

罗马教廷大型的宗教活动就在梵蒂冈的圣彼得广场上举行

西班牙的国粹

牛在印度被奉为神物不得侵犯,而在西班牙,人们却热衷于与其展开生死搏斗。西班牙的斗牛是一项古老的体育竞技活动,斗牛士在助手的帮助下,利用灵活的动作,对牛边挑逗边将镖插入牛的颈胛和肩胛之间,直至最后用剑把牛杀死。

斗牛活动是西班牙的国粹,优秀的斗牛士在整个国家里都是令人尊崇的英雄。

鞋业王国——意大利

意大利是世界七大资本主义强国之一,与德国、法国和英国属于西欧四大强国,其机械工业和食品工业及纺织、服装、制鞋、皮革业等都是世界闻名的。该国制造的皮鞋在世界享有很高的知名度,有"鞋业王国"的美誉。

水上之都——威尼斯

意大利北部的威尼斯有"水上之都"的美称,因为它是一座建造在水上的城市,由 188 个小岛组成。这里的人出行全是以船代步,成了世界上唯一没有汽车的城市。

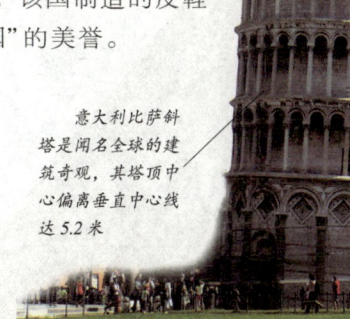

意大利比萨斜塔是闻名全球的建筑奇观,其塔顶中心偏离垂直中心线达 5.2 米

炎热古老的大陆——非洲

非洲全称阿非利加洲,在拉丁语中是"阳光灼热的地方"之意。非洲位于东半球的东南部,欧洲的南方,亚洲的西南,印度洋、大西洋和地中海之间,赤道横穿大陆,其面积达 3 029 万平方千米,仅次于亚洲,是世界第二大洲。习惯上,人们将非洲分为北非、东非、西非、中非和南非五个地区。非洲有着灿烂悠久的历史文化,是古代文明的摇篮之一。

非洲屋脊

非洲的乞力马扎罗山位于坦桑尼亚东北部,靠近肯尼亚边境,坐落于南纬3度,距离赤道仅300多千米,该山脉的海拔达5 895米,是非洲最高的山脉,素有"非洲屋脊"之称,而许多地理学家则喜欢称它为"非洲之王"。

乞力马扎罗山

古埃及艺术品——娜芙蒂蒂胸像

文明古国——埃及

埃及是世界四大文明古国之一,国内有许多古代文明的遗迹,金字塔、神庙和古墓都是古埃及建筑的杰作。在开罗近郊吉萨高地上的胡夫、海夫拉和门卡乌拉三座金字塔以及一座狮身人面像堪称人类建筑史上的奇迹。

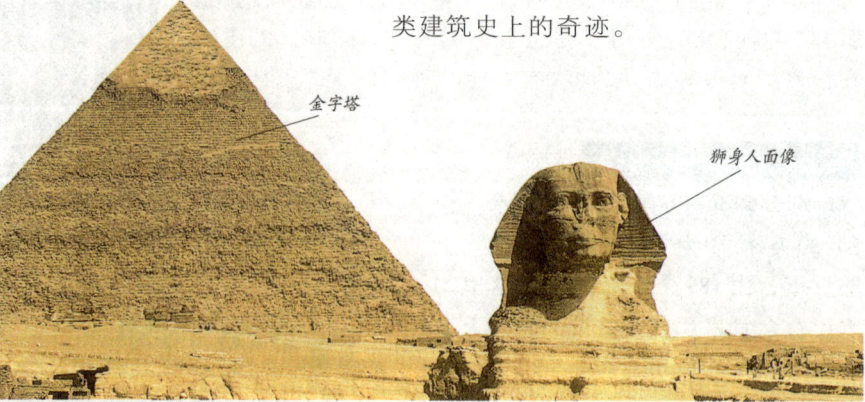

金字塔

狮身人面像

骆驼之国——索马里

索马里地处非洲东部,其国内的国民大多数是游牧民族,当地人认为骆驼是最珍贵的家畜,几乎人均拥有一头骆驼,在全世界每三头骆驼中就有一头是索马里的,所以这个国家是个名副其实的"骆驼王国"。索马里还有个别称——"非洲之角",这是因为它处在印度洋和亚丁湾之间三角形陆地的尖上。

骆驼

钻石之国——南非

非洲大陆最南端的南非共和国是非洲经济最发达的国家,这里的金刚石储量非常大,约占世界的1/4,有"钻石之国"的美誉。南非的金刚石质地优良,宝石比重大,钻石研磨后即能做首饰等装饰物。

南非著名的祖鲁人是南非最大的黑人种族,他们有着独特的风俗习惯,被公认为是南非最英勇善战的一族。

石头城——津巴布韦

津巴布韦位于非洲大陆东南部,其国名在班图语中是"石头城"的意思。津巴布韦还的确有一座举世闻名的古代文化遗址——"石头城",津巴布韦人以此为荣,所以无论是国名、国旗、国徽还是在硬币上,石头城都被当做这个国家和民族的象征。

东非十字架——肯尼亚

肯尼亚位于非洲东部,赤道横贯国土中部,东非大裂谷纵贯南北,因此这个国家素有"东非十字架"的称号。肯尼亚的气候湿润温和,许多野生动植物在这里都能"休养生息"。

生活在肯尼亚稀树草原上的动物

充满传奇的大陆——北美洲

北美洲是北亚美利加洲的简称，位于西半球的北部，东滨大西洋，西临太平洋，北濒北冰洋，南以巴拿马运河为界，同南美洲分开。从地理上可分为：东部地区、中部地区、西部地区、阿拉斯加、加拿大北极群岛、格陵兰岛、墨西哥、中美洲和西印度群岛九个区。北美洲是世界工业发达的地区之一，矿物资源也非常丰富，其大西洋沿岸及五大湖区是世界上最发达的工业和金融贸易区。

美国的拉什莫尔山也叫"总统山"，山上雕刻着美国四位前总统华盛顿、杰斐逊、罗斯福和林肯的巨大头像。

美 国

位于北美洲中部的美国是北美洲的主要国家之一，它的领土几乎横跨整个北美大陆，包括北美洲西北部的阿拉斯加和太平洋中部的夏威夷群岛。美国不仅是当今世界上资本主义最为发达的国家，还是首屈一指的军事、科技强国。

美国自由女神像

美国自由女神像

在美国纽约市曼哈顿以西的自由岛上有一座高达100米左右的自由女神巨像，它是法国政府为庆祝美国独立100周年赠予美国的礼物，是当时世界上最高的纪念性建筑。自由女神像不仅是自由的象征，也是美国人民的象征。

美国旧金山金门大桥

格陵兰岛

格陵兰岛位于北美洲的东北角，面积有 200 多平方千米，是世界上第一大岛。格陵兰岛的原意是"绿色的土地"，实际岛上的 80% 以上被冰雪覆盖，是一个地地道道的冰雪之岛。

格陵兰岛

枫叶之国

加拿大国内枫树众多，每到秋天，满山遍野的枫叶宛如一堆堆燃烧的篝火，因此，加拿大也有"枫叶之国"的美誉。枫树被定为加拿大的国树，是加拿大民族的象征。国旗、国徽上的枫叶图案都代表了加拿大人对枫叶的钟爱。

枫叶

古老文明发源地

墨西哥是美洲大陆印第安人古老文明的中心之一，也是世界著名旅游胜地，玛雅文化就是由墨西哥印第安人创造的。

墨西哥号称"仙人掌之国"，国内约有 1 000 多种仙人掌，墨西哥人将仙人掌选为国花，象征着本国人民勇敢、顽强、不可征服的精神。

崇拜太阳的大陆——南美洲

南美洲是南亚美利加洲的简称,位于西半球的南部,东临大西洋,西濒太平洋,北滨加勒比海,南隔德雷克海峡与南极洲相望,一般以巴拿马运河为界,同北美洲分开。南美洲的面积包括附近岛屿约为1 797万平方千米,约占世界陆地总面积的12%。南美洲土地辽阔,矿产资源丰富,加之水热条件优裕,农业生产潜力很大。

秘鲁的太阳门

秘鲁人崇拜太阳神,在该国的太阳岛上坐落着古代美洲最卓越、最著名的古迹——太阳门,它是由重达百吨以上的整块巨石雕琢而成的,高3.048米,宽3.962米,门楣上还雕刻着充满象征意义的浮雕。最为神奇的是,每年9月21日黎明的第一缕曙光总会准确无误地穿过太阳门的正中央。

太阳门

南美洲的象征

马丘比丘位于秘鲁境内的印加古城,是一座沉睡了400年的历史古城,是南美洲最具神秘色彩的古迹之一,也是整个南美洲的象征。智利诗人巴勃罗·聂鲁达称赞它为"人类曙光的崇高堤防"。

印加古城遗址

咖啡王国

巴西是最大的咖啡生产国，国内的咖啡林一望无际。巴西咖啡产量和出口量长期居世界第一位，久负"咖啡王国"的盛名，1992年，咖啡出口额达 10 亿多美元。

成熟的咖啡果实

"狂欢节之乡"

南美洲的巴西也是世界上公认的"狂欢节之乡"，狂欢节在每年的 2～3 月举行，主要活动是跳桑巴舞和化装游行比赛。在为期 3 天的节日里，人们倾城而出，不拘平时的礼仪尽情狂欢，被誉为"地球上最伟大的表演"。

巴西狂欢节

阿根廷

位于南美洲东南部的阿根廷是南美洲次于巴西的第二大国家，"阿根廷"这个国名由拉丁语"白银"一词演变而来，其实阿根廷几乎不产银，这里的银可泛指财富。

复活节岛

智利有一个面积仅为 165 平方千米的小岛——复活节岛，坐落在烟波浩淼的南太平洋上。复活节岛以神秘的巨石人像、"会说话的木板"和奇异的风情吸引着无数游人。

复活节岛上的巨石人像

小巧多姿的大陆——大洋洲

大洋洲是太平洋西南部和赤道以南海域中的一块孤立的大陆，由澳大利亚大陆、塔斯马尼亚岛、新西兰南北二岛、新几内亚岛及太平洋中的美拉尼西亚、密克罗尼西亚、波利尼西亚等群岛，共1万多个岛屿组成，总面积897万平方千米，是世界上最小的一个洲。这里不仅矿产资源丰富，而且地下水资源也举世无双。

保护动物

在大洋洲的大陆上，有许多特有的动植物品种，如袋鼠、树袋熊、鸭嘴兽等，大洋洲的许多地方，都有一些标着动物图案的路牌，这是在告诉游客和过往的车辆当地有动物，行车要注意。

澳大利亚的鸭嘴兽是世界上最古老、最为奇特的动物。

澳大利亚

澳大利亚是一个四面环海的巨大陆地，它构成了大洋洲最主要的部分，成为世界上唯一独占一个大陆的国家。澳大利亚的国土包括澳洲大陆和许多大小岛屿，其中最大的岛屿是位于大陆东南端的塔斯马尼亚岛。

袋鼠被视为澳大利亚的国家标志

悉尼歌剧院

举世闻名的悉尼歌剧院是悉尼这个国际都市的城市象征，它白色的外表，建在海港上贝壳般的雕塑体，像飘浮在空中的散开的花瓣，是公认的20世纪世界七大建筑奇迹之一。

悉尼歌剧院

"花园之都"

澳大利亚第二大城市墨尔本是维多利亚省的首府，它是世界上最壮观的自然海港，风光旖旎，市区周围环绕着翠绿的公园，被誉为"花园之都"；市内有维多利亚式、哥特式和现代风格的各式建筑，极具欧洲风情。

夜色下的墨尔本

几维鸟

新西兰国鸟

因叫声"几维"而得名的几维鸟，被新西兰人看做是自己民族的象征，而定为国鸟。几维鸟是一种体形如梨的小鸟，它浑身长满蓬松细密的羽毛，既没有翅膀也没有尾羽，不能飞翔。

"天然海洋公园"

澳大利亚的大堡礁是世界七大自然奇景之一，它由2 900个独立的珊瑚礁石群组成，堪称世界上最大最美的天然海洋公园、珊瑚水族馆。

大堡礁是世界上最大的礁岩体，这里有明朗的气候、美丽的珊瑚、原始的礁岩、纯白的沙滩、活跃的海洋生物。

冰天雪地的大陆——南极洲

南极洲位于地球最南端的南极地区,其土地几乎都在南极圈内,由围绕南极的大陆、陆缘冰和岛屿组成,面积约1 400万平方千米,约占世界陆地面积的9.4%,比欧洲和大洋洲大,是世界第五大洲。南极洲是人类认识最晚的一块陆地,因此它的许多秘密还鲜为人知。

白色荒漠

南极洲年平均降水量为55毫米,大陆内部年降水量仅30毫米左右,极点附近几乎无降水,空气非常干燥,因此有"白色荒漠"之称。

大陆几乎全部被冰雪所覆盖,陆周围的海洋上有许多高大的冰障和冰山。

没有土地的大陆

南极是一片大陆地,所以人们称之为南极洲。不过,南极的陆地被上面的冰山雪地遮盖得严严实实,在这里根本看不见土地的影子。

破冰船能在南极洲冰雪覆盖的环境中破冰前行

美丽地球百科

南极洲仅有一些来自其他大陆的科学考察人员和捕鲸队,无定居居民。

"世界第五大洋"

南极洲四周围绕着多风暴且易结冰的南大洋,为大西洋、太平洋和印度洋的延伸,科学家们将之称为"世界第五大洋"。

冰雪高原

南极洲大部分地方覆盖着厚厚的冰层,其平均厚度约为2 000多米,最厚处可达4 000米以上,被称为"冰雪高原"。

绚丽迷人的南极光

南极洲的生物

南极洲植物稀少,仅有苔藓、藻类、地衣等;海水中或陆地边缘的常见动物有海豹、海狮和海豚;鸟类有企鹅、信天翁、海鸥、海燕等;海洋中盛产鲸类,有蓝鲸、鲱鲸和驼背鲸等,是世界上产鲸最多的地区。

企鹅、海豹和各种海鸟是这个白色大陆的"居民"。

鸟瞰地球的面貌

地形地貌

如同人类拥有面孔一样，地球也拥有自己的面貌。它的面貌来自地球的表面现象——地形与地貌。地形与地貌是地球的一种表面地理形态，它是由地球运动造成的。地球的运动或造就平原，或造就丘陵，或造就盆地，或造就峡谷。这些地形地貌有些是自然风光，有些是能量资源，还有些则是可怕的灾害。

大海上的明珠——岛屿

海洋、河流或湖泊中常散布着一些大大小小的陆地,那就是我们常说的岛屿。世界岛屿面积约占陆地总面积的7%,尽管各岛屿大小相差悬殊,外貌形态各异,但是按照成因可以归结为大陆岛、火山岛和珊瑚岛三类,后两类又称海洋岛。地球上各种岛屿的林立,使得地球表面变得更加丰盈。

大陆岛的形成

大陆岛从名字上我们就可以看出它实际是原来大陆的一部分,多分布在离大陆不远的海洋上。它主要是由陆地局部下沉或海洋水面普遍上升而形成的,如我国的台湾岛、海南岛等。大陆岛有大岛,也有小岛,但世界上的大岛都是大陆岛。

毛里求斯岛

毛里求斯岛

由火山喷发形成的岛是火山岛。位于印度洋西南部的毛里求斯岛就是一个火山岛,它是毛里求斯国的一个主要岛屿。这个岛上四处都是火山熔岩,并且四周被珊瑚礁环绕,岛上千姿百态的地貌吸引着不少世界游客。

产磷的珊瑚岛

位于太平洋中部的瑙鲁是一个典型的珊瑚岛,整个岛型呈椭圆形,四周为珊瑚礁环绕。全岛3/5被磷酸盐所覆盖,是世界上重要的磷矿产地之一。

瑙鲁珊瑚岛

世界最大的岛屿

地处北美洲东北部的格陵兰岛，面积217.56万平方千米，是世界上最大的岛屿。由于这个岛几乎全在北极圈内，所以岛上的大部分地方都是冰川和白雪，有的地方冰层甚至厚达2 300米。

冰　岛

冰岛地处大西洋和北冰洋的格陵兰岛之间，位置非常接近北极圈，是全世界最北的国家。冰岛的面积为10.3万平方千米，是欧洲第二大岛。

冰岛

马达加斯加岛

位于非洲大陆东南海面上的马达加斯加岛是非洲最大的岛屿，在世界上排名第四，仅次于格陵兰岛、新几内亚岛和加里曼丹岛。这是一个完全由火山岩构成的岛屿。

马达加斯加岛上的猴面包树

"海上花园"——克里特岛

克里特岛位于希腊本土以南130千米的地中海上，爱琴海以南，面积8 236平方千米，是希腊最大的岛屿。这座岛屿风景秀美，瓜果遍地，鲜花盛开，素有"海上花园"的美称，是地中海区域著名的旅游胜地。

克里特岛上别致的白色建筑

海和地之间——群岛和半岛

我们把那些彼此相距很近的许多岛屿合称为群岛,如马来群岛、西印度群岛等。而半岛则是指那种伸入海洋或湖泊中的陆地,它三面临水、一面同陆地相连,如阿拉伯半岛、中南半岛等。半岛面积大小不一,伸入海洋的长度有长有短,形状各异,有楔状、条状和不规则的;成因也不同,有山地隆起型、陷断型、泥砂堆积型、火山熔岩堆积型等。

中国最南的群岛

位于中国南海最南部的南沙群岛是南海诸岛中分布海域最广,岛礁最多,平均每个岛礁面积最小的一个珊瑚岛群。其中的曾母暗沙是我国领域的最南端,它远离大陆海岸线数千千米,却与马来西亚一箭之遥。

夏威夷群岛风光

多姿多彩的夏威夷群岛

太平洋上的夏威夷群岛是由火山喷发形成的,它包括了122个大小不一的岛屿。夏威夷群岛是旅游观光的好地方,这里的热带海滨和火山奇观吸引着世界各地的游客。

中国最大的群岛

坐落在中国长江口东南海面的舟山群岛是中国最大的岛群,素有"海上仙山"的美称。舟山群岛岛礁众多,星罗棋布,共有大、小岛屿1 339个,约相当于我国海岛总数的20%。舟山群岛的主要岛屿有舟山岛、岱山岛、朱家尖岛、六横岛、金塘岛等,其中面积为502平方千米的舟山岛最大,是我国第四大岛。

美丽的舟山群岛

"半岛的大陆"

欧洲海岸曲折,有众多的半岛,素有"半岛的大陆"之称。其中,面积超过10万平方千米的半岛有5个:北欧的斯堪的纳维亚半岛(世界第五大半岛)、西南欧的伊比利亚半岛、东南欧的巴尔干半岛、南欧的亚平宁半岛和南北欧的科拉半岛。

中国的半岛

中国的半岛多分布于东部和南部,其中又以山地海岸为最多。著名的半岛有:辽东半岛、山东半岛、雷州半岛、九龙半岛等。

阿拉伯半岛包括沙特阿拉伯、阿曼在内的7个主权国家的领土。图为阿曼首都马斯喀特海港。

世界上最重要的群岛半岛

名 称	地 理 位 置	备 注
马来群岛	太平洋与印度洋之间	世界最大的群岛
日本群岛	亚洲东部边缘	东亚最大的群岛
舟山群岛	中国长江口东南海面	中国最大的群岛
南沙群岛	中国南海最南部	中国最南的群岛
加利福尼亚半岛	墨西哥西北部,墨西哥湾与太平洋之间	世界上最狭长的半岛
阿拉伯半岛	亚洲西南部	世界最大的半岛 亚洲南部三大半岛之一
印度半岛	亚洲南部	亚洲南部三大半岛之一
中南半岛	中国和南亚次大陆之间	亚洲南部三大半岛之一
索马里半岛	东北非	非洲最大的半岛
朝鲜半岛	东亚	东亚最大的半岛
拉布拉多半岛	北美洲东部	世界第四大半岛

南极半岛

南极洲也有一个大半岛,它是位于南极大陆威德尔海与别林斯高晋海之间的南极半岛,面积有18万平方千米,是一个多山的半岛。

豁然开朗的平川——平原

平原是地表面积广阔、地势平坦的区域。世界上著名的平原很多，我国主要的平原包括位于大小兴安岭和长白山之间的东北平原，位于黄河下游地区的华北平原以及长江地区的长江下游平原。平原地区是人类最主要的居住地，这里工农业都很发达。

世界上最大的平原

南美洲的亚马孙平原是世界上最大的平原，占整个巴西面积的1/3。这里地势低平坦荡，大部分在海拔150米以下，因而这里河流蜿蜒流淌，湖泊沼泽众多。亚马孙平原蕴藏着世界最丰富多样的生物资源，各种生物多达数百万种。

流经亚马孙平原的亚马孙河

亚马孙居民

东欧平原

位于欧洲东部的东欧平原又名俄罗斯平原，北起北冰洋，南到黑海、里海之滨，东起乌拉尔山脉，西达波罗的海，地跨俄罗斯、拉脱维亚、爱沙尼亚、立陶宛等国，面积约400万平方千米，是世界最大的平原之一。

立陶宛美丽的城堡

中国最大的平原

位于大小兴安岭和长白山之间的东北平原，由北部的松嫩平原、南部的辽河平原以及东北部的三江平原三部分构成，面积约35万平方千米，是中国面积最大的平原。东北平原平均海拔200米左右，是中国主要平原中地势最高的。

中国的东北平原

中国的华北平原就是主要由黄河、淮河和海河等大河合力堆积而成。

冲积平原

冲积平原通常是由河流搬运的碎屑物，因流速减缓而逐渐堆积所形成的，其主要特征为地势平坦，沉积深厚，面积广大，冲积平原多发生在地壳下沉的地区。冲积平原按其分布位置，又可分为冲积扇、沿江平原和三角洲三种。

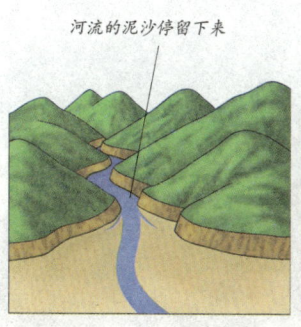

河流冲击形成的平原

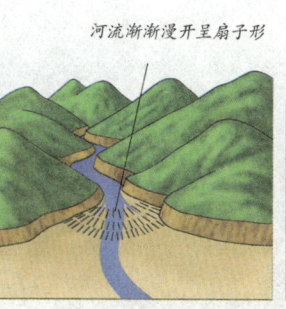

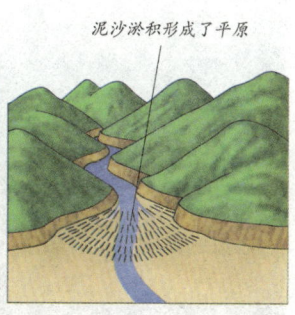

大山的脊梁——山脉

地球陆地的表面并不是平整而舒缓的,它上面有高山、峡谷、河流等,它们的平均高度比海平面高 875 米。而高山正是高出周围地面的一种地形,是陆地上的隆起。在世界的许多地方,常常能看到一座座连接在一起的大山,这些绵延千里的大山就是山脉。崎岖的山脉常常带给人许多遐想……

秘鲁安第斯山脉中脊

世界最长的山脉

世界上最长的山脉是南美洲的安第斯山脉,它纵贯南美大陆西部,北起北美洲的特立尼达岛,南至火地岛,经过委内瑞拉、哥伦比亚、厄瓜多尔、秘鲁、玻利维亚、智利和阿根廷等国,全长近 9 000 千米,被称为"南美洲的脊梁"。

非洲最高的山峰

非洲的乞力马扎罗山位于坦桑尼亚东北部,靠近肯尼亚边境,海拔 5 895 米,是非洲的第一高峰。

乞力马扎罗山坐落于南纬 3 度,距离赤道仅 300 多千米,以"赤道雪山"而闻名于世,远在 200 千米以外就可以看到它覆盖着积雪的山顶。

世界最高大的山脉

喜马拉雅山脉是世界上海拔最高的山脉,它位于青藏高原南缘,绵延起伏在中国、巴基斯坦、尼泊尔、不丹等国境内,平均海拔 6 000 米左右,海拔超过 7 000 米的高峰有 50 多座。

喜马拉雅山的最高峰是海拔 8 844 米的珠穆朗玛峰,它不仅是全球第一高峰,也是陆地最高点。

欧洲最高大的山脉

阿尔卑斯山是欧洲最高大的山脉，它绵延 1 200 千米，经过法国、意大利、瑞士、德国和奥地利等国境内，平均海拔约 3 000 米。阿尔卑斯山的景色十分迷人，勃朗峰、卢卡诺峰、杜夫尔峰等名山吸引着来自世界各地的登山者和旅游者。

阿尔卑斯山的马特峰无论从哪个角度看都是尖锐的四棱锥——典型的金字塔形山峰。

北美的"脊骨"

落基山是北美洲西部重要的山脉，它纵贯北美洲西部，穿越加拿大、美国和墨西哥三国，全长 4 800 千米，是北美洲最重要的气候和河流分界线，被称为北美的"脊骨"。

位于落基山脉旁的险峰埃尔伯特山

欧亚的天然界限

高加索山是欧亚两洲之间的山脉，它西濒黑海和亚速海，东临里海，是欧亚之间的天然界线。高加索山自西北向东南延伸，形成大高加索和小高加索两列主山脉，当中许多山峰的绝对高度都超过了海拔 5 000 米。

希腊神话故事中，人类的保护神普罗米修斯就被囚禁在高加索山上。

大地的伤痕——峡谷和裂谷

由于河流的不断冲刷,陆地表面被水侵蚀成深深的凹地,这种地形两坡陡峭,横剖面呈"V"字形,这就是我们所说的"峡谷",而裂谷是由断层围陷的断陷谷地,它的宽度大多在 30 ~ 75 千米之间,少数可达几百千米,长度从几十千米到几千千米不等。峡谷和裂谷大多地势险要,风景迷人,是探险和旅游观光的好去处。

长江三峡

长江三峡是世界上最壮丽的峡谷之一。长江三峡是瞿塘峡、巫峡和西陵峡三段峡谷的总称,它西起四川奉节的白帝城,东到湖北宜昌的南津关,总长 204 千米。这里两岸高峰夹峙,水面狭窄曲折,江中滩礁棋布,水流汹涌湍急。

长江三峡风景

世界峡谷之最

世界第一大峡谷雅鲁藏布大峡谷位于"世界屋脊"青藏高原之上,平均海拔 3 000 米以上,长 504.6 千米,最深处达 6 009 米,是世界上海拔最高、最深和最长的河流峡谷,堪称世界峡谷之最,被誉为"人类最后的密境"。

雅鲁藏布大峡谷

世界第二大峡谷

科罗拉多大峡谷位于美国亚利桑那州西北部，科罗拉多高原西南部，峡谷全长446千米，平均宽度16千米，最深处1 800米，平均深度超过1 500米。这个世界第二大峡谷的山石多为红色，从谷底到顶部分布着各个时期的岩层，层次清晰，色调各异。

1919年，威尔逊总统将科罗拉多大峡谷地区辟为"大峡谷国家公园"。

世界上落差最大的峡谷

虎跳峡是世界上著名的大峡谷，以奇险雄壮著称于世。它位于云南省北部，全长20千米，分为上虎跳、中虎跳、下虎跳三段，共有险滩18处。虎跳峡落差213米，是世界上落差最大的峡谷。

虎跳峡

地球脸上的"刀疤"

东非大裂谷纵贯非洲大陆东部，跨越赤道南北，南起赞比西河河口，北经马拉维湖分为东西两支，最长的一支长约6 400千米，是世界陆地上最长的裂谷带，有人称之为地球脸上的"刀疤"。

从裂谷到大洋的演变

从裂谷到大洋会经历这样一个演变过程：从地幔涌出的岩浆使陆壳隆起，受到拉伸的地壳变薄，导致断裂。断层使隆起的地方塌陷，形成谷地。岩浆沿着裂谷的断层缝隙涌出，熔岩不断漫布裂谷，而裂隙谷的两侧不断后退，海水涌入，就形成了海洋。

 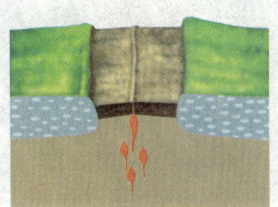 

从裂谷到大洋的演变过程

大地的胸膛——高原

高原是陆地上一大有特色的基本地貌,它是一大片高出海平面很多,但又不像山峰那样起伏很大的平地。高原与平原的主要区别是海拔较高,它的海拔高度一般在 1 000 米以上,以完整的大面积隆起而区别于山地。高原是在大面积、长期、连续的地壳抬升过程中形成的。由于地壳不断抬升,地面遭到长期侵蚀切割,使高原崎岖不平。

中国最著名的四大高原

中国最著名的四大高原是青藏高原、黄土高原、内蒙古高原和云贵高原。

坐落在青藏高原上的布达拉宫是藏传佛教的圣地

牦牛是青藏高原牧区的主要家畜之一,它生活在海拔 3 000 米以上的高寒地区。

内蒙古高原

内蒙古高原是我国四大高原中的第二大高原,从东北向西南绵延 3 000 多千米,可划分为呼伦贝尔高原、锡林郭勒高原、乌兰察布高原和巴彦淖尔、阿拉善及鄂尔多斯高原四部分。内蒙古高原地势起伏微缓,是一个可千里驰骋的高原,这里有我国最大的天然牧场。

内蒙古高原是中国重要的天然牧场,每年夏秋季节,草原上牛羊成群。

"黄土文明"的发源地

黄土高原横跨中国华北、西北七个省市、自治区，覆盖面积54万平方千米，海拔1 000～1 500米，土层厚度50～80米，最厚处达200米以上。黄土高原丰厚的土地资源造就了我国古代灿烂的农业文明。因此，人们把华夏文明称誉为黄土文明或大陆黄色文明。

黄土高原地质结构直立性很强，适宜开凿冬暖夏凉的窑洞，为当地人民提供方便舒适的居室。

帕米尔高原

帕米尔高原位于中亚东南部、中国的西端，地跨塔吉克斯坦、中国和阿富汗。"帕米尔"是塔吉克语"世界屋脊"的意思，高原海拔4 000～7 700米，拥有许多高峰。

帕米尔高原

德干高原

位于印度半岛上的德干高原占印度半岛的大部分面积，是世界著名的大高原之一，这里地势西高东低，平均海拔600～800米，是一个久经侵蚀而形成的巨大而又古老的地块。

云贵高原

云贵高原主要分布在云南、贵州省境内，海拔1 000～2 000米，是我国的第四大高原。云贵高原的地下和地表分布着许多溶洞、石芽、石笋等喀斯特地貌，是世界上喀斯特地貌发育最完美、最典型的地区之一。

人称云贵高原"地无三尺平"，为了合理地利用土地资源，人们在山间开出了层层梯田，梯田从山脚整齐地排到山顶，显得蔚为壮观。

大自然的杰作——丘陵

海拔500米以下的"小山"地区称为"丘陵",这种在陆地上分布很广的地貌是山地久经侵蚀的结果。在地貌演化过程中,丘陵是山地向平原过渡的中间阶段。根据起伏高度,相对高度小于100米者为低丘陵,100~200米者为高丘陵。尽管丘陵不及高山巍峨,但它同样有许多妙趣横生的地方。

浙闽丘陵

浙闽丘陵位于武夷山、仙霞岭、会稽山一线以东的东南沿海,地形上山岭连绵,丘陵广布。有两列与海岸平行的山岭组成地形的骨架,最西一列以武夷山为主干,第二列由西南向东北有博平岭、戴云山、洞宫山等,平均海拔800米左右,主要由流纹岩和花岗岩组成。

中国是个多丘陵的国家,全国丘陵面积约有100多万平方千米,占全国总面积1/10还多,在这些地区,气候条件较好,人口稠密,经济比较发达,适合农耕、林业等多种经济综合发展。

桂林山水

云南石林由形态各异的喀斯特地貌组成。这里群峰壁立,奇峰危石,千姿百态。一个个巨大的灰黑色石峰、石柱拔地而起,直刺青天,远望犹如一片莽莽森林,蔚为壮观,是中国著名的旅游胜地,有"天下第一奇观"的美称。

两广丘陵

两广丘陵是广西、广东两省大部分低山、丘陵的总称。东部多系花岗岩丘陵,外形浑圆、沟谷纵横,地表切割得十分破碎;西部主要是石灰岩丘陵,峰林广布,地形崎岖,风景优美。主要山脉有十万大山、云开大山、莲花山等。

黄山是江南丘陵的组成部分,它沿着东北—西南方向延伸。

江南丘陵

中国的江南丘陵包括长江以南、南岭以北、武夷山脉和天目山等以西、雪峰山以东的低山和丘陵,地域涵盖了江西省、湖南省大部分、安徽省南部、江苏省西南部和浙江省西部边境,主要由一系列东北至西南走向的雁行式排列的中山、低山和居其间的一系列丘陵盆地组成。

桂林山水

著名的旅游胜地——桂林就属于丘陵地形,清澈见底的河水与倒映在水中的山影以及萦绕在山间的雾霭组成美丽的"画卷",因而有了"桂林山水甲天下"的美誉。

水草覆盖下的美丽——沼泽

沼泽是陆地水的组成部分,其特点是地面长期处于过湿状态,或滞留着微弱流动的水,生长喜湿和喜水的植物,并有泥炭积累的洼地。全球沼泽面积约 270 万平方千米,约占陆地面积的 0.8%,大部分集中在亚、欧、北美三大洲的寒湿地区。中国有沼泽约 11 万平方千米,主要分布在东北三江平原和青藏高原等地。沼泽是一处宁静的家园,许多动物和植物都在这方天地里休养生息。

沼泽的形成

沼泽的形成得益于温湿或冷湿的气候,平坦或低洼排水不畅的地形,它既可以因为江、河、湖、海的边缘或浅水部分淤塞演变而成,也可以因为林区或高山草甸、冻土带地下水聚集逐渐形成。所以,沼泽实际上是从水体或陆地演变过来的。

有的沼泽是由于湖泊淤积变浅而形成的

沼泽植物

由于水多,致使沼泽地区土壤缺氧,物质分解过程缓慢,养分少,所以许多沼泽植物的地下部分都不发达,其根系常露出地表,以适应缺氧环境。沼生植物有发达的通气组织,有不定根和特殊的繁殖能力。

红树生长在热带地区的沼泽里,长长的树根伸入泥中,树枝和树叶则高高挺立于空中。

美丽地球百科

大多数鳄鱼都生活在热带亚热带地区的河流、湖泊和多水的沼泽里。

"地球之肾"

湿地是指水域与陆地交界的沼泽地带，它与森林、海洋并称为全球三大生态系统，具有维护生态安全、保护生物多样性等功能，所以人们把沼泽湿地称为"地球之肾"、天然水库和天然物种库。

芦苇

沼泽资源

沼泽地区生长的芦苇是造纸工业的重要原料；沼泽中生长的泥炭藓在第一次世界大战中用做伤口敷剂，驰名世界；沼泽拥有大量泥炭，是重要的能源，泥炭还可用于农田改良或制作肥料。

中国最美的六大沼泽湿地

近年最新的《中国国家地理》杂志上面刊载了众多地理专家共同品评出的中国最美的六大沼泽湿地，它们分别是辽河三角洲、若尔盖、巴音布鲁克草原、黄河三角洲、扎龙自然保护区和三江平原。

世界最大湿地

世界上最大的一块湿地位于巴西中部马托格罗索州的南部地区，面积达25万平方千米，那里分布着大量河流、湖泊和一些被水淹没的平原，除了丰富的植物资源之外，沼泽地内还栖息着各种各样的动物，其中不乏珍稀动物和濒临灭绝的动物。

沼泽内栖息的鸟类

波浪起伏的沙海——沙漠

陆 地上那些一望无际的沙漠是由于缺乏降水而形成的。沙漠的环境条件非常恶劣，不仅终年干旱少雨，植物奇缺，而且一天当中的冷热变化还很大，还有那些不固定的沙丘，它们会吞噬掉沙漠里仅存的一点点绿地。人迹罕至的沙漠在荒凉中透出点点不为人知的神秘，激发着人们探索的欲望。

骆驼能在干旱的沙漠中负重行走，人称"沙漠之舟"

沙漠代表景观——沙丘

在风的作用下，沙漠里会堆积起一座座小沙山，这就是沙丘，它是沙漠的代表景观。沙丘会因风向不同而呈现不同的形状，如果风向保持不变，就会形成平行沙丘；如果风从好几个方向吹来，就会形成星星状的沙丘；而通常情况下，沙丘像一轮弯月的形状。

行走在沙漠里的驼队

纵向沙丘

沙漠里的仙人掌

绿色植物仙人掌能在干旱的沙漠里生存，这有它独道的本领。为减少水分的散失，它将叶子演化成短短的小刺，而根茎也变成肥厚含水的形状，以此来适应沙漠缺水的环境。

沙漠里的大仙人掌，根系使它们在这种艰苦生态环境下能具备全部的生长优势。树干充当水库，根据其蓄水的多少可以膨胀和收缩

黑色沙漠

卡拉库姆沙漠位于里海东岸的土库曼斯坦。由于这个沙漠是由黑色岩石风化而成的,所以这里到处棕黑色,阴阴沉沉的,人称"黑色沙漠"。

黑色沙漠

塔克拉玛干沙漠

中国最大的沙漠

塔克拉玛干沙漠是中国最大的沙漠,也是仅次于撒哈拉沙漠的世界第二大流动沙漠。"塔克拉玛干"在维吾尔语中是"进得去出不来"的意思,所以当地人通常称它为"死亡之海"。

沙漠绿洲

以干旱著称的沙漠,有的地方也会出现茂盛的植物,这就是生机勃勃的绿洲。每当夏季来临,融化的雪水就会流入沙漠的低谷,渗进沙漠深处。这些地下水流到沙漠的低洼地带,就会涌出地面形成湖泊,为植物的生长提供充足的水源。

沙漠里的绿洲总能让人们获得希望

大地的肚脐——盆地

四周是山地或高原，中间较低成盆状的地貌，人们习惯上叫盆地，盆地是陆地上的一种基本地形。盆地的一大特点就是矿产丰富，而且水土资源优越，适合农业生产发展，美中不足的是四周都是山，交通及空气对流等都受到一定限制。

四川盆地

四川盆地位于中国的大西南，是我国四大盆地之一，平均海拔200～750米，面积16.5万平方千米，盆地四周被耸立的群山紧紧环抱，天然密闭，只有滚滚长江从盆地的南部横穿而过，形成了独特的湿热型盆地气候。

四川盆地的卫星图片

四川盆地是一块"聚宝盆"，这里蕴藏着丰富的矿产资源、各种能源及旅游资源。举世闻名的乐山大佛、"震旦第一山"的峨眉山都在这里。

世界最大的内陆盆地

塔里木在维吾尔语中的意思是"无缰之马"，塔里木盆地位于新疆维吾尔自治区南部，界于天山、昆仑山和阿尔金山与帕米尔高原之间，它地处内陆，总面积约53万平方千米，是中国也是世界上最大的内陆盆地。

塔里木盆地四周被高山环绕，气候极端干旱，盆地外围是由碎石组成的戈壁滩。

自流盆地

世界最大的自流盆地

位于澳大利亚中东部的大自流盆地,又称澳大利亚盆地,面积约177万平方千米,是世界最大的自流盆地,海拔在200米以下,盆地中有大量地面自流井和地下井,这为附近干旱牧区的养牛和养羊业提供了充足的水源,具有非常大的经济价值。

美国著名的产煤盆地

位于美国科罗拉多州西南部和新墨西哥州西北部的圣胡安盆地,由一系列主要的地质构造圈定,面积约19 425平方千米。盆地形状近似圆形,南北长约161千米,东西宽约145千米,是美国著名的产煤盆地。

吐鲁番盆地内的葡萄沟因盛产葡萄而著名,沟里绿树成荫,葡萄架成片,是人们旅游、避暑的好去处。

吐鲁番盆地有"火州"之称,每年日平均气温超过35℃的日数达100天以上,极端最高气温曾达49.6℃,地表温度曾测得83.3℃,是中国最热的地方。

地球之肺——森林

森林被称为"地球之肺",里面有大片生长的树木,分布范围相对广阔;森林有很多植物,这些植物在不同的空间生长着,呈现出一定的层次,比如高大树木构成的乔木层,也有枝干比较矮小的灌木层等。世界上的森林总面积约占陆地面积的30%,森林对世界的气候环境、水土保持及生态平衡的维持都有很重要的作用,从这个意义层面上说,我们对森林的探寻是非常有意义的。

以森林为家

人类的祖先最初就生活在森林里,他们靠采集野果、捕捉鸟兽为食,用树叶、兽皮做衣服,在树枝上架巢做屋。据统计,当今世界上仍有约3亿人以森林为家,靠森林谋生。

针叶树

针叶树是一种生长在寒带地区的树木,特点是具有细长如针状的叶子,这能减少水分的消耗。许多针叶树形成的大片森林,叫针叶林。针叶树包括冷杉、云杉、雪松、落叶松等,它们大多是重要的用材树种。

针叶树有的可以用来观赏,有的则能产生多种树脂。

森林里最高大的树——巨杉

阔叶树

阔叶树是一类具有扁平、宽阔叶片的木本植物,大多生活在热带和亚热带地区。各种果树都是阔叶树,桂树、樟树、栎树、楠木等都属于阔叶树。由阔叶树组成的森林,叫阔叶林。阔叶树的经济价值大,不仅可以做木材,有的还可以用做行道树或庭园绿化树种。

热带雨林

热带雨林是森林的一种类型，它覆盖了地球表面6%的土地，这里空气潮湿，气候条件非常适合植物的生长，所以热带雨林里不仅植物种类繁多，而且树木也很高大，大树底下的各种草本、地衣都很茂盛。

世界上最大的原始森林是南美洲的亚马孙热带雨林，这里生存、栖息着许多动植物。

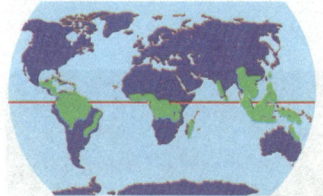

热带雨林主要分布在赤道附近和赤道以南的中、南美洲亚马孙河流域，非洲刚果盆地、南亚等地区。

森林火灾

森林一旦着了火，大火会迅速蔓延，成片的树林往往在顷刻之间被烧毁。1987年，中国东北大兴安岭就曾发生了大面积的森林火灾，造成了难以估量的损失。

森林火灾

用途广泛的木材

森林中的树木，经过多年的生长，粗壮的树干可以成为优质的木材。木材的用途很广泛，造房子、做家具、修桥梁、造纸等都会用到木材。适量砍伐木材可以使森林完成更新的过程，帮助幼树的生长，但是滥砍滥伐就会毁坏森林和人类的生活环境。

森林遭到严重砍伐是世界环境面临的十大威胁之一

风吹草低见牛羊——草原

草原是地球重要的资源,这里冬寒夏热,降水稀少,却养育着多种多样的生物,是地球上一方不可多得的栖息地。世界上很多地方都有草原,亚洲、欧洲、美洲的温带地区相对比较集中,我国的新疆、内蒙古、东北地区和青藏高原分布着大面积的草原;在非洲、南美洲和澳大利亚,也有面积十分辽阔的热带大草原。"天苍苍,野茫茫,风吹草低见牛羊……"草原以其一望无边的辽阔气势,成了牧民们的梦想家园。

"空中草原"

那拉提大草原在蒙古语里被称为"见到太阳的地方",它位于我国新疆维吾尔自治区新源县那拉提山北坡,是世界四大河谷草原之一,自古以来就是著名的牧场。

呼伦贝尔大草原

内蒙古的呼伦贝尔草原是我国最大的草原,也是世界最著名的三大草原之一。在中国,它是目前保存最完好的草原,这里水草丰美,生长着碱草、针茅、苜蓿、冰草等120多种营养丰富的牧草,有"牧草王国"之称,这里的牧草还大量出口到日本等国家。

呼伦贝尔是世界少有的绿色净土和生灵的乐园

呼伦贝尔草原的美丽风光

蒙古包是蒙古民族的传统住房,是牧民们流动的家。

非洲的热带草原

非洲的热带草原气温都在20℃以上，每年一半时间是湿季，一半时间是干季，湿季和干季交替出现，湿季多雨，植物生长繁茂；干季干旱，树叶脱落，草木枯黄。

热带草原湿季时，草原上的植物一片葱郁，为这里的大型动物提供了丰富的食物。

共同的分享

热带草原有着丰富的植物资源，有40余种食草动物栖息在那里，共同分享着那儿的食物。所幸的是，草原上不同的动物食用不同的植物，它们分别吃草、灌木或树木的不同部分。如长颈鹿吃树上的高枝，羚羊吃低处的嫩枝条，斑马吃草头，牛羚吃剩下的草秆，瞪羚则吃幼芽。

潘帕斯草原

潘帕斯草原

潘帕斯草原是南美洲阿根廷境内面积最大、物产最丰富的地区，这里水草丰盛，牛羊成群。

最早的避风港——溶岩洞穴

洞穴跟高山、平原一样,是陆地表面的基本地形,很久以前,原始人都居住在山洞里。如今发现的洞穴主要被开发成旅游资源。洞穴风光、洞穴生物、洞口附近的古建筑以及与洞穴密切相关的古代宗教文化,相比普通的地表景观而言,都具有独特的魅力。有些没有完全被开发出来的洞穴则是许多探险者的好去处。

溶 洞

溶洞是一种天然的地下洞穴,它是在漫长的岁月里,由含有二氧化碳气体的地下水逐渐对石灰岩进行溶解时形成的。溶洞在形成过程中不断扩大,并且相互连通,从而形成了很大的规模。

溶洞内奇特美丽的景观

石钟乳

地下岩洞的洞顶有很多裂隙,水不断往下渗,水分蒸发后,石灰质沉淀下来,就渐渐长成了钟状的石钟乳。石钟乳的生长速度十分缓慢,大约几百年才能长一厘米。向下长的石钟乳与向上长的石笋相连就形成了石柱。

石笋

自然界中的水溶入二氧化碳,成了一种弱酸。含弱酸的水流过石灰岩的裂隙,将石灰岩溶蚀成地上的石林和地下的岩洞等,形成了一种特殊的喀斯特地形。

石 笋

岩洞洞顶上的水滴落下来时,里面所含的石灰质在地面上一点点沉积起来,犹如一根根冒出地面的石笋。由于石笋比较牢固,所以它的生长速度比石钟乳快,有时能形成30多米高的石塔。

世界最长的洞穴

世界最长的洞穴是位于美国肯塔基州的猛犸洞,它的总长度超过240千米,由255条地下通道组成,一共分为5层,上下左右都可连通,形成一个曲折幽深的地下迷宫。猛犸洞也被称为"水帘洞",因为它里面有7个由流水形成的自然瀑布。

猛犸洞内景观

天然音乐厅

南斯拉夫的波斯托依那岩洞是闻名于世的石灰岩洞,这个岩洞的特别之处在于只要敲击一下那里的石柱,顶上就会发出声响,接着,一连串的回声响彻大厅,犹如一个天然的音乐厅。

洞穴内储有丰富的矿产资源,主要有锡、铝土矿、压电石英、水洲石、芒硝等,汞、钽、铌、铀、镭等稀有元素也与洞穴有关。

波斯托依那岩洞

自然的力量——侵蚀

风、水和冰对地面都会有强烈的磨损作用,这种作用就是侵蚀。侵蚀是一种强大的自然力量,它像一个"美容师",随时都在雕塑着地球的容颜。侵蚀有广义和狭义之分,广义的侵蚀指各种外力对地表的破坏并掀起地表物质的作用过程,如河流侵蚀、风力侵蚀、冰川侵蚀、海浪侵蚀和溶蚀作用等。狭义的侵蚀以流水侵蚀为主,指侵蚀作用仅是流水对地表的破坏作用,形成相应的侵蚀形态,其中以河流对沟谷的侵蚀作用最为明显。

沙漠风

沙漠风属于风力侵蚀。沙漠里没有足够固定土壤的植被和水分,所以,夹带着沙粒的风很容易把松散的沙刮起来,一起卷到沙暴之中。受风沙撞击的岩石也会磨蚀成沙,从而更增强了风的侵蚀力。

箭头表示风向

沙漠风是细小尘土、沙和粗砾石的混合物。

由于沙漠风形成的山丘

下切侵蚀

下切侵蚀也叫"垂直侵蚀"或"深切侵蚀",它是流水垂直地面向下的侵蚀作用,它形成或加深沟谷或河谷,塑造沟谷地形。下蚀的强度取决于地表坡度、水流流量、流速和地表物质的抗冲性质。地表坡度越大,流量、流速越大,岩石越松软,下蚀作用就越强。

美国的布赖斯峡谷复杂的沟壑景象就是被水侵蚀而成,沉积物和金属物使得岩石变成了红色和橘色。

雅丹地形

雅丹地形是一种风蚀地貌，在中国的维吾尔语中"雅丹"是"陡壁的小丘"的意思。它通常都在干燥地区形成，是由夹沙气流磨蚀地面，地面出现风蚀沟槽。磨蚀作用进一步发展，沟槽扩展成了风蚀洼地，洼地之间的地面相对高起，成为风蚀土墩。这种风蚀地貌在中国新疆孔雀河下游雅丹地区发育得非常典型。

雅丹地貌

大风的杰作

风棱石被称为是"大风的杰作"，它的形成跟大风密不可分，大致过程是这样的：石块的一部分埋于地面松散的沙粒中，风沙长期磨蚀裸露在外的部分，形成一个磨光面；此后，由于风向改变和石块翻转，又形成另一个磨光面。这样在两个磨光面之间出现一个明显的棱，之后，风沙的磨蚀继续进行，于是出现三棱或更多的棱。

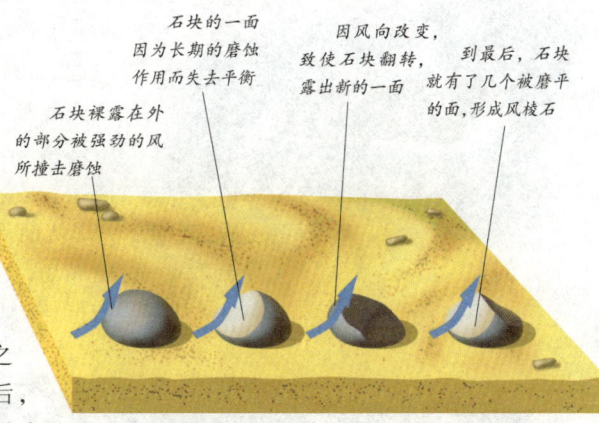

风棱石的形成

干旱地区在风蚀作用下形成的一种上部大而底部小、外形酷似蘑菇的一种岩石，这就是蘑菇石。

溯源侵蚀

溯源侵蚀也叫"向源侵蚀"，是水流或河流为达到河床纵剖面的均衡，调整水动力强度，河流在河床各点加深，总体上从侵蚀基面向上游推移，使河流源头或沟头后退的一种侵蚀作用。

风蚀湖

在干旱和半干旱地区，由于风蚀作用所形成的洼地积水而成的湖泊，就是风蚀湖。风蚀湖的面积大小不一，且湖水较浅。湖水可由河流注入，也可由地下水补给。这样的湖泊一般只有在渺无人烟的戈壁上才能找到。

生命的摇篮——海

海 是指那些靠近陆地的、大洋的边缘部分，比大洋要小得多，浅得多。其中有被岛屿、半岛与大洋分开的边缘海，也有被陆地包围的内海。海水占地球总水量的97%，淡水只占3%（其中冰占2%）。这些你可能都知道，但你很可能不知道"如果地球的表面是平的，陆地将被2.5千米深的海水淹没！"

世界最大的海

位于西南太平洋的珊瑚海面积约480万平方千米，是世界上最大的海，它西、北、东三面被澳大利亚大陆、新几内亚岛、所罗门岛、新赫布里底群岛所环绕。这里风浪少、海面平静、海水洁净、盐度较小，非常有利于珊瑚虫繁殖，从而形成了分布广泛的珊瑚礁和珊瑚岛，在水深40～60米的海底平顶山上还形成了举世闻名的大堡礁。

澳大利亚大堡礁

格陵兰海

加勒比海

又苦又咸的海水

海水不同于我们平常所使用和饮用的水，它不是无味的，而是又苦又咸的。因为海水中有许多矿物质，这些矿物质中含有与食盐相同的成分，所以海水就有咸味了。

名 称	位 置	备 注
红海	非洲东北部与阿拉伯半岛之间	世界最年轻的海
马尔马拉海	亚洲小亚细亚半岛和欧洲的巴尔干半岛之间	世界最小的海
珊瑚海	太平洋西南部海域	世界最大的海
波罗的海	大西洋的边缘海	世界最淡的海
亚速海	乌克兰和俄罗斯南部	世界最浅的海
白令海	太平洋最北部的边缘海	世界最深的海
加勒比海	北大西洋	世界上最大的内海
爱琴海	地中海与希腊半岛之间	世界岛屿最多的海

世界盐度最低的海

波罗的海位于东北欧，其海水平均含盐度只有7‰～8‰，大大低于全世界海水35‰的平均含盐度。各个海湾的盐度更低，只有2‰左右，是世界盐度最低的海。

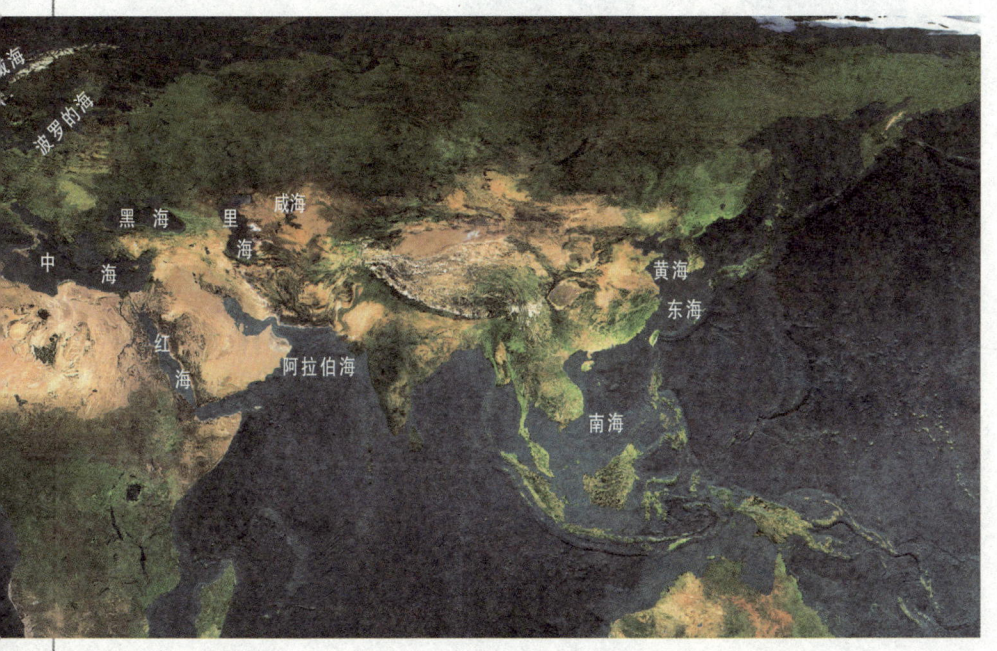

大陆的最边缘——海岸、海港

海洋环境除了辽阔的海域外,还有其他的类型,比如海岸和海港。海洋和陆地的交界地带就是海岸,千百年来,海岸每天都被海浪拍打和侵蚀着,从而形成了各种不规则的形状。海港也称为港口,是为轮船、渔船、军舰等船舶提供安全进出、停泊的场所,由于海港的主要设施是码头,所以人们有时也用码头代称海港。

海岸的分类

海岸地貌千姿百态,类型多种多样。根据动态海岸可分为堆积海岸和侵蚀性海岸;根据地质构造划分为上升海岸和下降海岸;根据海岸组成物质的性质,可把海岸分为基岩海岸、沙砾质海岸、平原海岸、红树林海岸和珊瑚礁海岸。

沙砾质海岸

海岸形状特别的岩石

变化的海岸线

海岸线就是海洋和陆地相连的地方。海洋里的风和浪常常袭击海岸,使那里的陆地受到侵蚀,结果海岸线变得曲曲折折,凹凸不平。海岸不断受到侵蚀,所以海岸线的形状一直在发生变化。

海岸的岩石

构成海岸的岩石种类是决定海岸地形的主要因素。坚硬的岩石,例如花岗岩、玄武岩和某些砂岩,比较能够抵抗海水的侵蚀,所以往往形成高峻的海岬和坚固的悬崖,使植物得以附着在上面生长。

海岸的岩石

美丽地球百科

中国最大的海港

上海港是一座沿黄浦江而建的近海深水优良港，是我国目前最大的港口。港口区江面宽近500米，水深7～9米，江水流速平缓，潮差很小，终年不冻，常年通航万吨级轮，5万吨级散装货轮可乘潮进港装卸货物。

位于长江三角洲东端的上海港，是我国大陆海岸线中点，扼长江入海咽喉。

东方明珠

香港素有"东方明珠"的美称，是一座举世瞩目的美丽海港城市。这里蓝天碧海，山峦秀丽，自然风光优美动人。香港的港口地理位置优越，是少有的天然良港。

香港的港口地理位置优越，是少有的天然良港。

世界最大海港

世界最大的海港之一纽约港，位于美国东北部哈得孙河河口，东临大西洋，于1614年由荷兰人开始建设，由于地理条件优越，1800年便成为美国最大港口，1980年吞吐量达1.6亿吨，多年来年吞吐量都在1亿吨以上，每年平均有4 000多艘船舶进出。

纽约港腹地广大，公路网、铁路网、内河航道网和航空运输网四通八达。

一衣带水——海峡和海湾

海峡是指两块陆地之间连接两个海或洋的较狭窄的水道,它一般深度较大,水流较急。由于地理位置特殊,海峡往往都是水上重要的交通咽喉。而海湾是指那种延伸入大陆,深度逐渐减少的水域。海峡和海湾都属于海洋地貌,在地球上都有很多代表。

莫桑比克海峡全貌及环礁

世界最长的海峡

位于非洲大陆东南岸同马达加斯加岛之间的莫桑比克海峡,呈东北—西南走向,全长1 670千米,是世界最长的海峡。海峡两岸的主要港口有科摩罗的莫罗尼,莫桑比克的纳卡拉、莫桑比克、贝拉、马普托等。

世界最重要的洋际海峡

位于马来半岛和苏门答腊岛之间的马六甲海峡,因马来半岛南岸古代名城马六甲而得名,海峡西连安达曼海,东通南海,长约1 080千米,连同出口处的新加坡海峡全长为1 185千米,它是连接太平洋和印度洋的重要海上通道,也是世界最重要的洋际海峡。

马来半岛南端的新加坡岛形如坐狮,人们称它为"狮城"。

英国与欧洲大陆海上联系主要靠英吉利海峡的轮渡。这是英国最繁忙的多佛海港。

世界海运最繁忙的海峡

英吉利海峡位于英国和法国之间,在法语中称为"拉芒什海峡"。它西临大西洋,向东通过多佛尔海峡连接北海,地处国际海运要冲,也是欧洲大陆通往英国的最近水道。因此,它理所当然地成了世界海运最繁忙的海峡。

欧洲的"生命线"

"直布罗陀"一词源于阿拉伯语,是"塔里克之山"的意思,它位于欧洲伊比利亚半岛南端和非洲西北角之间,全长约 90 千米。该海峡是沟通地中海和大西洋的唯一通道,是连接地中海和大西洋的重要门户,被誉为欧洲的"生命线"。

世界最大的海湾

隶属印度洋的孟加拉湾是世界上最大的海湾,其面积约为 217 万平方千米,是印度洋向太平洋过渡的第一湾,也是两大洋之间的重要海上通道,沿岸重要港口有加尔各答、马德拉斯和吉大港等。

莫桑比克海峡是印度洋到南大西洋间的重要航道,运载波斯湾地区石油的大型油轮,多经此海峡,绕过好望角,输往西欧和美国

在孟加拉湾捕鱼的渔民们

非洲最大的海湾

位于西非海岸外的几内亚湾,西起利比里亚的帕尔马斯角,东止加蓬的洛佩斯角,沿岸国家有赤道几内亚、喀麦隆、尼日利亚、贝宁、多哥、加纳、科特迪瓦等,海湾的面积为 153.3 万平方千米,是非洲海湾当中最大的。

西方世界的生命线

霍尔木兹海峡是连接波斯湾和印度洋的海峡,它也是唯一一个进入波斯湾的水道。海峡的北岸是伊朗,海峡的南岸是阿曼,海峡中间偏近伊朗的一边有一个大岛叫做格什姆岛,隶属于伊朗,如今的霍尔木兹海峡是全球最繁忙的水道之一,被誉为"西方世界的生命线"。

看不见的大陆——洋底地貌

对人类来说,海底世界既神奇而又神秘,人类对它的了解非常少。海洋水面宽广,非常平坦,海底却并不平坦,就像陆地上存在山峰、山谷、平原、盆地一样,海底有海盆,海盆之间有海岭、海沟或海槽,还有海丘、海山、海底高原等。在这里,还有许许多多陆地上没有的植物、动物,加上众多丰富的资源,这方生息之地更是让人惊叹不已。

海盆

在陆地上,比较广阔的凹陷地区称为盆地,在海洋底部,也有凹陷的大片地区,那叫"海盆"。海盆当中,有些属于大洋与大陆交接处的边缘海海盆,如我国的东海、南海;有些是在大洋里的海盆,如东太平洋海领域中太平洋山脉阻隔成的东太平洋海盆。

海盆

海岭

海岭也称"大洋中脊",是大洋底部狭窄绵长的海底山脉。一般两侧坡度较陡峭,高出周围海底 1 000～4 000 米。世界上最典型的海岭是绵延数千千米的大西洋海岭。世界大洋底部的海岭互相连接,构成一个完整的体系。

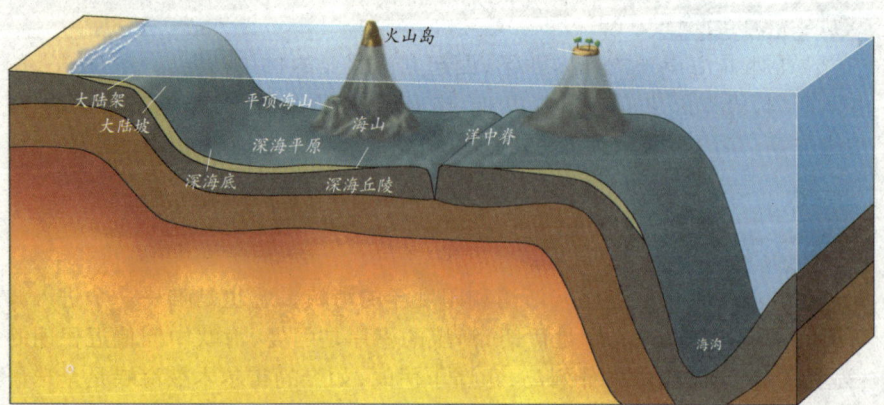

海 沟

海沟是海底的一种地貌,它是海底很深很长的区域,多分布在大洋和陆地的相交处,海沟形状多是"V"字形,而且都比较深。

世界最深的海沟

太平洋西部的马里亚纳海沟,其深度可达11 034米,不仅是世界上最深的海沟,也是海洋里最深的地方,如果把世界最高的珠穆朗玛峰放入这里,它的顶峰还要差2 000米才能露出水面。

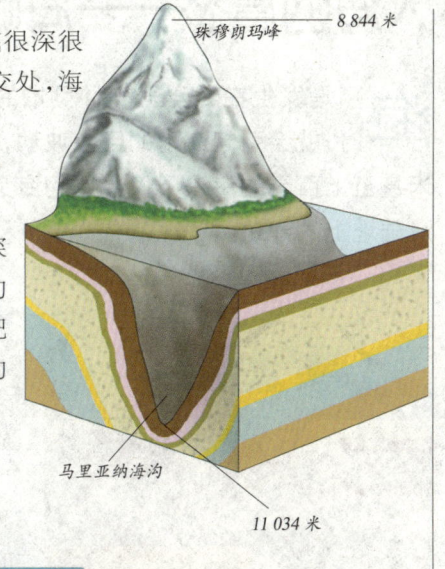

珠穆朗玛峰 —— 8 844米

马里亚纳海沟

11 034米

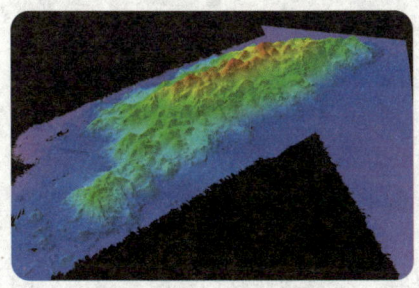

位于美国加利福尼亚州海岸线附近的戴维森海山,藏身于距离海面1 200米的地方,是美国最大的海山之一。

海 山

海山是长在海洋底的水下山脉,一般高出周围海底约1 000米,多呈圆锥状,边坡较陡,峰顶区较小。许多海山顶部有浅缓的凹坑。实际上它们是海底的火山。由深海取样得知,海山是由玄武岩组成的。

深海平原

深海中也有如同陆地平原一样的地貌,这就是深海平原。深海平原一般位于水深3 000～6 000米的海底。它的面积较大,一般可以延伸几千平方千米。深海平原的表面光滑而平整。深海平原在世界各大洋中均有分布,大西洋是深海平原分布最多的海洋。

潜 水

人们对神奇莫测的海洋世界充满了好奇之心,于是与潜海相关的各种运动逐渐发展起来。人类所发明的深海潜水器是具有水下观察和作业能力的潜水运载器。现代潜水器自带推进动力装备和水下观察设备,可以在水面行驶,也可以在水下独立工作。深海潜水器的使用拓宽了人类探索海洋的领域,加快了开发海洋的步伐。

潜水

大海的震怒——海啸

海啸是发生在海洋里一种可怕的灾难。当海底发生地震或火山爆发时，就会引起海水的巨大波动，产生海啸。海啸时所产生的高达几十米甚至上百米的海浪不仅会掀翻海上的船舶，造成人员伤亡，还会破坏沿海陆地上的建筑。

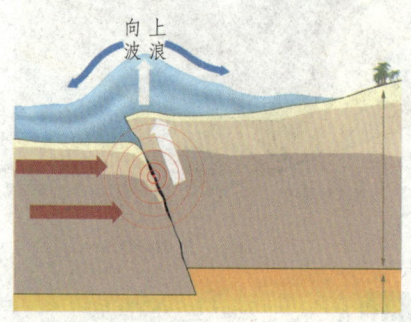

地震引发的海啸

地震发生时，海底地层发生断裂，部分地层出现猛然上升或者下沉，由此造成从海底到海面的整个水层发生剧烈"抖动"。这种"抖动"不同于平常所见到的海浪，它是从海底到海面整个水体的波动，其中所含的能量惊人。

破坏性的海浪

海啸是一种具有强大破坏性的海浪。它是由火山爆发、海底地震、海岸和海底发生滑坡等造成的巨浪。当它们与大陆猛烈碰撞时，能吞没海边的港口、城镇乡村和农田。海啸所引起的浪高达数十米，像一堵水墙，冲上陆地，所向披靡，造成生命和财物的重大损失。

海啸发生时掀起的巨浪，淹没了房屋、公路等。

本地海啸

本地海啸从地震及海啸发生源地到受灾的滨海地区相距较近,所以海啸波抵达海岸的时间也较短,有时只有几分钟,多则几十分钟。在这种情况下具有突发性的特点,危害也相当严重。通常,本地海啸发生前,往往有较强的震感或震灾发生。

海啸破坏性非常大

海啸过后,到处一片狼藉。

遥海啸

有一种海啸能横越大洋或从很远处传播而来,在没有岛屿群或其他障碍的阻挡情况下,能传播数千千米并且只衰减很少的能量,使数千千米之遥的地方也遭到海啸灾害,这称为遥海啸。1960年智利发生的海啸也曾使数千千米之外的夏威夷、日本遭受严重灾害。

国际海啸预警系统

1964年,阿拉斯加因地震引起的巨大海啸袭击了大半个阿拉斯加,海啸发生后,美国国家海洋和大气局于1965年启动了国际海啸预警系统。后来,一些多地震的国家先后加入。该系统能把参与国家的地震监测网络的各种地震信息全部汇总,然后通过计算机进行分析,大致判断出哪些地方会形成海啸,其规模和破坏性有多大。

历史上的重大海啸

发生时间	发生地点	浪高	引起海啸的原因
1917年6月26日	萨摩亚群岛	26米	地震
1933年3月2日	日本三陆外海	29米	地震
1946年4月1日	阿留申群岛	35米	地震
1960年5月22日	智利	25米	地震
1964年3月28日	阿拉斯加湾	70米	地震
1979年10月16日	法国尼斯	3米	地震
1992年9月1日	尼加拉瓜	11米	地震
1993年7月1日	日本	5米	地震
1994年6月3日	印尼东爪哇	60米	地震
1998年7月17日	巴布亚新几内亚	49米	地震

历史上最大的海啸

1960年5月,智利中南部的海底发生了强烈的地震,引发了巨大的海啸,导致数万人死亡和失踪,沿岸的码头全部瘫痪,200万人无家可归,这是世界上影响范围最大,也是最严重的一次海啸灾难。

地球生灵的财富
地球上的宝贵资源

地球是一个极大的宝库,由于数亿年的积淀,使得它拥有了丰富的资源。无论是供我们生产生活的土壤湖泊,还是供我们工业开发的矿物石油,或者是供我们装点人生的华丽宝石,都是大自然的造物。人类利用这些资源影响着我们的生活,改变着我们的生活,也点缀着我们的生活。

就在我们脚下——岩石

一种或几种矿物按照一定的规律组合在一起，就成为岩石。从形成原因上，我们可以把千姿百态的岩石分为三大类：一类是火成岩，一类是沉积岩，还有一类是变质岩。岩石里藏匿着许许多多的秘密，它能带给我们各种各样关于地球的信息。

变质岩

沉积岩和火成岩在高温高压的作用下，内部的结构和成分会发生变化，成为变质岩。大理石和板岩都是变质岩，大理石是石灰岩变成的，板岩是页岩变成的。

石灰岩

大理石

大理石

大理石属于变质岩，它有着美丽的颜色、花纹，有较高的抗压强度和良好的物理化学性能，资源分布广泛，易于加工，随着经济的发展，大理石在人们生活中起着重要的作用。它可以用于制造精美的用具，如家具、灯具、烟具及艺术雕刻等。

玻璃是由石灰石和其他物质的混合物经机器加工制得的

石灰石

石灰石是一种沉积岩，主要成分是不溶于水的白色固体碳酸钙。除此外，石灰石还含有少量镁、铁、锰的化合物，所以，它常呈青灰色、黑色和棕色。石灰石是建筑上常用的石料，粉碎后的石灰石与黏土按适当的比例混合，加强热就能制得水泥。

岩石的年龄

岩石也可看出年龄。科学家在格陵兰发现了年龄约为38亿年的岩石,它是地球上最古老的岩石;我国最老的岩石,年龄约为36.7亿年。

澳大利亚的艾尔斯岩石是世界上最大的一块岩石

花岗岩

花岗岩

花岗岩是岩浆岩的代表,主要由石英、长石和少量黑云母等暗色矿物组成。它结构均匀,质地坚硬,颜色美观,以灰白色、肉红色者较常见,有的还点缀着黑斑。花岗岩是一种优质的建筑石料。

浮 石

浮石是一种比水还轻的岩石,它是火山爆发的产物。浮石里有许许多多气孔,占体积的30%。浮石不大,人们在浮石上行走,它会发出咯吱咯吱的响声。

浮石

英格兰南部一望无际的索尔兹伯里平原上有一座上千年的巨石阵,在众多巨形方石柱当中,有一部分由蓝砂岩建成的石柱残存到了今天,这是一种比花岗岩更坚硬的岩石。神奇的是,在索尔兹伯里地区的山脉中,只有一些普通的石块,并没有蓝砂岩,这让人困惑不已。

姹紫嫣红的宝藏——矿物

地壳中的化学元素,在一定的地质条件下分解或化合成单质或化合物,就是矿物,矿物是组成矿石和岩石的基本单位。地球上已发现的矿物有3 000多种,其中常见的有几十种,如滑石、石英、琥珀、金刚石等。它们不仅活跃于工业和地质领域,在日常生活中也是随处可见的。

方铅矿

方铅矿

方铅矿是提取铅的主要矿物。铅的用途既古老又广泛,铅字印刷、铅皮包电缆、钢板镀铅锡合金等。方铅矿含铅量可达86.6%,晶体形态常呈立方体,集合体呈柱状或致密块状,铅灰色,条痕灰黑色,金属光泽,不透明。

石棉

石棉是一种可以分裂成纤维并具有一定耐火性和绝缘性的硅酸盐类矿物。它的外表看起来很像麻,表面带有丝绢一般的光泽,可以用来搓绳、织布。质纯、纤维长的石棉可以做防火、隔热的石棉布。

我们每天都要食用的食盐也是天然石盐矿物的一种

石棉做成的石棉瓦

命名方法	代表	得名原因
以化学成分命名	自然金、硼砂	
以物理性质命名	电气石	具热电性
以形态命名	石榴石	形态似石榴籽的颗粒
结合两种特点命名	闪锌矿	光泽闪闪发亮,成分以锌为主
以地名命名	包头矿	1960年在内蒙古包头发现
以人名命名	章氏硼镁石	为纪念我国地质学家章鸿钊先生

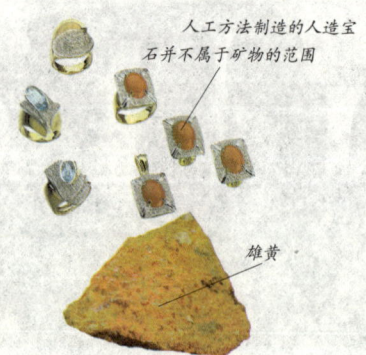

人工方法制造的人造宝石并不属于矿物的范围

雄黄

矿物的分类

矿物名称	举例
化合物矿物	辉铜矿、辰砂、黄铜矿、黄铁矿
卤化物矿物	萤石、石盐、钾石盐
氧化物及氢氧化物矿物	刚玉、金红石、尖晶石、铬铁矿、铝铁矿、褐铁矿
含氧盐矿物	硅酸钾、硼酸盐、碳酸盐、磷酸盐、硫酸盐、硝酸盐、铬酸盐、钨酸盐

琥珀是由有机物——松脂转变而成，不属于矿物。

磷灰石

会发光的矿石

自然界中有不少会发光的矿物，磷灰石含有磷，白天在阳光下曝晒，晚上就能释放能量，发出美丽的荧光或蓝色的火焰。萤石、金刚石也能发光。

矿物的颜色

矿物在自然光的照射下能呈现出一定的颜色，这是鉴别许多矿物的一种标准，如橄榄石通常是深绿色的；但有的矿物也可呈现一系列不同的颜色，如紫色的紫水晶、黄棕色的黄晶、无色的水晶。

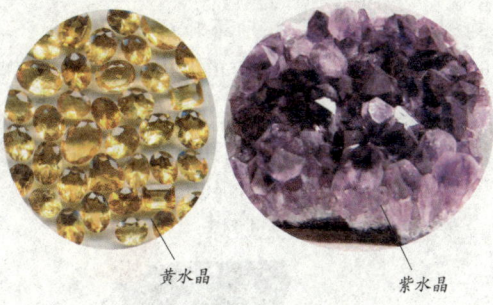

黄水晶　　紫水晶

矿物的等级

矿物按照硬度可以分为十个等级，最软的矿物当属用来做滑石粉的滑石，它的硬度为1；石英的硬度为7，属一般；最硬的矿物是硬度为10的金刚石。金刚石可以用来切割、琢磨其他矿石。

各种矿物都是不同的，每种都有不同的用途。滑石非常软，人们将它磨成粉，就成了夏天常常用的爽身粉，又洁白又细腻。

工业粮食——煤

煤是一种用途很广泛的矿产,既是动力燃料,又是化工和制焦炼铁的原料,素有"工业粮食"之称。它是由一定地质年代生长的繁茂植物,在适宜的地质环境中,逐渐堆积成厚层,并埋没在水底或泥沙中,经过漫长地质年代的天然煤化作用而形成的。煤是一种不可再生的能源,而且储量有限,所以要合理开发和使用。

煤的分类

煤是一种最主要的固体燃料,是可燃性有机岩的一种,根据煤化程度的不同,煤可分为泥炭、褐煤、烟煤和无烟煤四类。

煤的变质过程

褐煤是在低温和低压下形成的,如果褐煤埋藏在地下较深位置时,就会受到高温高压的作用,使褐煤的水分和挥发成分减少,含碳量相对增加,当密度、比重、光泽和硬度增加时就成为烟煤。烟煤进一步变质,会成为无烟煤。

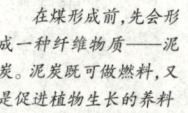
在煤形成前,先会形成一种纤维物质——泥炭。泥炭既可做燃料,又是促进植物生长的养料

煤大多形成于约3亿5千万年前的石炭纪。这是石炭纪的沼泽森林植物

泥炭受沉积物压缩,形成褐色煤

煤焦油具有特殊的臭味,可以燃烧并且有腐蚀性

煤焦油

煤焦油又称煤膏,是煤干馏过程中得到的一种黑色或黑褐色黏稠状液体,它是煤炭在焦化过程中产生的。煤焦油含有上万种成分,其中很多有机物是生产塑料、合成纤维、染料、橡胶、医药、耐高温材料等的重要原料。

最终,褐煤被压缩成结构致密的烟煤

无烟煤颜色为黑色,质地坚硬,有光泽,用蜡烛不能引燃,燃烧时无烟

煤的变质过程

煤的化学成分

煤的化学成分主要为碳、氢、氧、氮、硫等元素，煤的含碳量一般为46%~97%，呈褐色至黑色，具有暗淡至金属光泽。

无论是在工业上还是民间，煤都是常用的燃料，通过它可以获取热量或提供动力。

煤焦油可作原料制造数百种新化工产品，未经精炼的木馏油可作木材防腐剂，分离木馏油可用来制造除害剂和药物。

瓦特的蒸汽机是由煤驱动的

煤的用处

煤可以用来发电，燃煤热能能转化为电能进行长途输运，这是世界电能的主要来源之一。煤燃烧残留的煤矸石和灰渣可做建筑材料；煤还是重要的化工材料，可用来炼焦、高温干馏制煤气；煤还用于制造合成氨原料；低灰、低硫和可磨性好的品种还可以制造多种碳素材料。

煤的开采

由于煤炭资源的埋藏深度不同而采法不同，对于埋藏较深的一般采用"矿井开采"，埋藏较浅的使用"露天开采"。如果要衡量开采条件的优劣，我们就看可露天开采的资源量在总资源量中比重的大小。中国可露天开采的煤储量仅占7.5%，美国约为32%，澳大利亚约为35%。

工业的血液——石油

通常汽车所使用的汽油是从石油里提炼、分离出来的。

石油是埋藏在地下呈黑色或褐色的、可以产生能量的油,它也是一种不可再生的能源。汽车使用的汽油、柴油,飞机的燃油、煤油等都是从石油中提炼出来的,石油在世界各国工业化进程中占有举足轻重的地位,有"工业的血液"的美称。地球上蕴藏着丰富的石油,据估计它的蕴藏量为1 000多亿吨,其中海洋里蕴藏着700多亿吨左右。

海底石油能源

海底的地层里蕴藏着丰富的石油,为了获得这些宝贵的资源,人们先用钻油机械装置往地层深处钻洞,再将石油抽到海洋表面,装入大油轮,或通过海底输油管,运送到岸上的炼油厂。

海上石油钻井

科威特

位于亚洲阿拉伯半岛东北部,波斯湾西北岸的科威特,是世界主要石油生产国和出口国,不仅石油储量居世界前列,国内多大型油气田,而且石油出口占出口总值的90%以上。炼油、石油化工等部门发展较快。

石油钻井

世界上20%的石油是由石油钻井从海底抽上来的。在北海有一架钻井,每天能从海底抽出32万升石油。按平均每辆汽车消耗55升石油计算,这架钻井生产的石油,可以为5 800辆汽车提供足够的汽油燃料。

重要的化工原料

石油化工厂利用石油产品可加工出 5 000 多种重要的有机合成原料。常见的有色泽美观、经久耐用的涤纶、尼纶、腈纶、丙纶等合成纤维;能与天然橡胶相媲美的合成橡胶;苯胺染料、洗衣粉、糖精、人造皮革、化肥、炸药等等都是由石油产品加工而成的。

用石油做成的颜料

制造尼龙

尼龙是最早完全由化工制品合成的物质。尼龙颗粒加热至 260℃ 形成为溶液,此溶液被挤压通过喷丝头,聚合物从细孔中出来进入冷空气,形成固体的尼龙丝,这些细丝再在一特殊的冷却槽中加以处理,纺成长线,绕在线轴上。

浑身是宝

炼石油最后剩下的石油焦和沥青也能派上用场。石油焦做炼钢炉里的电极,可以提高钢的产量,还可用它作为制造石墨的原料;沥青则可以制作油毡纸或铺路。

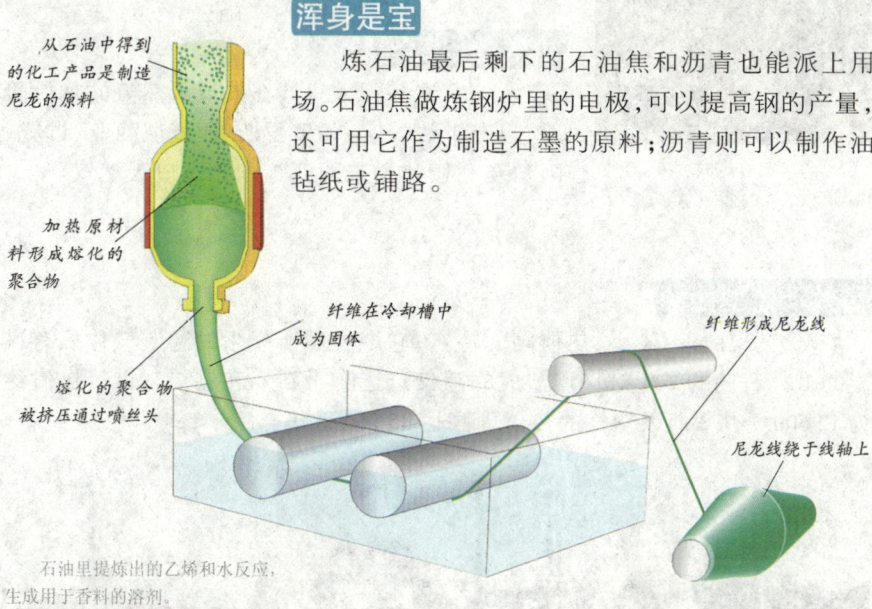

石油里提炼出的乙烯和水反应,生成用于香料的溶剂。

石油输出国组织

1960 年 9 月 14 日,由伊朗、伊拉克、科威特、沙特阿拉伯和委内瑞拉的代表在巴格达开会成立了"石油输出国组织",该组织旨在协调和统一各成员国的石油政策,并确定以最适宜的手段来维护它们各自和共同的利益,总部设在维也纳。

来自地下的能源——天然气

天然气是一种埋藏在地下的可燃气体，它是埋在地层中的古代生物经过地质作用形成的。天燃气多藏在油田、煤田和沼泽地带中。在常规能源中，它属于干净而且开采比较方便的能源。天然气不但可直接作为燃料，供发电、供暖、炊事之用，而且是宝贵的化工原料，用它可以制备上百种化工产品，这就是天然气的魅力所在。

天然气多是在矿区开采原油时伴随而出的，过去因无法越洋运送，造成推广的困难和使用的浪费。

早期天然气的利用

我国古代把天然气称为"火井"。据晋朝《华阳国志》记载，早在秦汉时代，我国不仅已发现了天然气，而且开始发掘和利用天然气，在四川用天然气煮盐的方法一直从汉代延续到现在。

少数的出口国

目前，许多国家只处在发展天然气的初始阶段，只有少数国家，如俄罗斯、印度尼西亚、挪威、阿尔及利亚和马来西亚等国才出口天然气。

高效清洁型能源

天然气有着污染小、热值高的特点，它燃烧后所产生的温室气体只有煤炭的1/2，石油的2/3，对环境造成的污染远远小于石油和煤炭。煤气热值约为12 600千焦，而天然气的热值则高达35 760千焦。

天然气厂

天然气汽车

一些工业发达国家正在积极开发天然气汽车,用压缩天然气作为城市公共汽车、轻型汽车和私人小汽车的燃料。

天然气汽车

天然气火灾

天然气主要由气态低分子烃和非烃气体混合组成,化学性质非常活泼。由于天然气常被用做燃料,所以极易引发火灾。

"特罗尔"号平台

"特罗尔"号平台是欧洲最大的天然气工程项目的组成部分。它从海底抽取天然气,将为21世纪的欧洲提供所需天然气的10%。"特罗尔"号平台耸立在海上达472米,它不仅仅是最高的平台,也是在海上曾建造过的最大人工建筑和最高的混凝土结构之一。

天然气泄漏引起火灾

"特罗尔"号平台

点燃文明的火焰——其他能源

自然界中存在着许多可供人们开发利用的能源，除煤、石油、天然气等已经被广泛开采利用的能源外，还有一些能源虽然已被人们所认识，但还没有大规模利用，如潮汐能、生物能、地热等。

太阳能

太阳能是为数不多的可持续、无污染的能源之一，顾名思义，它是来自太阳的能量，以电磁辐射形式传播。除了能直接利用太阳的光和热以外，还可把太阳能转化为电能，作为动力来驱动汽车、飞机等交通工具。

在宇宙中，航天器利用太阳能帆板来获得能源。

太阳能汽车

水　能

不停流动着的水能为人类带来用不完的能量，不仅可以用作推动机器工作的动力，而且还可以利用水能来发电。

中国古代人们一直用水车进行各种工作，比如给谷物去皮，为冶铁炉鼓风等。

潮汐能

月球和太阳对地球产生的引力使海水发生潮汐现象，海水一涨一落的过程中蕴藏着巨大的能量，这就是潮汐能。目前这种能量主要用来发电。

潮汐

地热能

地热是地球内部存在的一种巨大的热量,它会以温泉、火山爆发等形式释放出来。我们常见的地热能是温泉和间歇泉,此外,地热能还可以用来发电。

美国著名的"老忠实喷泉"是一个间歇泉

生物能

生物能是贮存在生物体中的太阳能,这是可再生的能源。生物能的蕴藏量非常大,农林作物、城市固体废弃物、某些工业等都是生物能的能源。中国农村广泛使用的沼气是一种典型的生物能。如今,在中国,大约有760万家庭在用沼气作燃料。

风　能

地球表面空气流动所产生的动能就是风能。据估算,全世界的风能总量约1 300亿千瓦。风能资源受地形的影响较大,世界风能资源多集中在沿海和开阔大陆的收缩地带。

人类利用风力来发电

核　能

核能是原子核裂变或聚变时释放出来的能量,所以也叫原子能。核能被广泛应用于工业、军事等领域。世界上第一颗原子弹于1945年在美国试爆。

核电站的冷却塔

地球的被子——土壤

地球最初是没有土壤的，到处都是岩石。后来，这些岩石经长期的风吹日晒，加上太阳光的照射，渐渐开始破裂，形成碎石。随着时间的推移，越来越细，最后就变成了今天的土壤。土壤是植物生长的基本条件，也是种植庄稼、蔬菜的基础。

土壤的层级

土壤的最下面是岩石，中间是各种物质的沉淀层，最上面就是我们常见的土壤。这种层级结构有利于提高土壤的肥力，从而更加适合植物的生长。

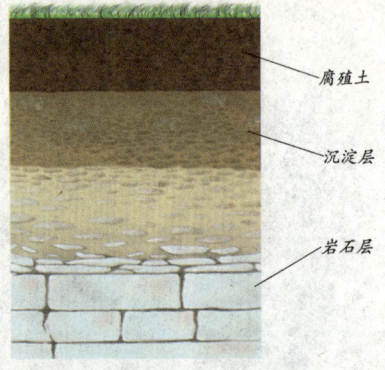

腐殖土

沉淀层

岩石层

黄土就是人们常见的、发生在我们身边的"沙尘暴"的产物。黄土高原就是由黄土构成的。

土壤里的生命

土壤里并不是沙粒子和泥土，还含有许多种类的生物，像细菌、藻类、节肢动物和一些冬眠的动物。蚯蚓在土壤里发挥了重要功能，它的蠕动能让土壤吸取更多的空气，从而增强土壤的肥力。

蚯蚓

东北平原的黑土

东北平原是一个山环水绕、沃野千里的平原,据调查,这里有20万平方千米的土地都是"一脚踩得出油"的黑土,这样的土质在中国主要的平原中堪称最肥沃的。

红壤

东北平原的黑土

土壤的成分

普通人常常认为土壤只是固体,其实,土壤由固体颗粒、土壤溶液和土壤空气三部分组成。土壤中还有大小不同的孔隙,土壤水分占据土壤的中小孔隙,土壤空气占据土壤大孔隙。

土壤中的固体大颗粒称为砂粒,中等粒径的颗粒称为粉粒,细小颗粒称为黏粒。

蜿蜒曲折的玉带——河流

地球上的河流大多发源于高山,它们的存在为陆地上的生命提供了水源,世界上所有的人类文明几乎都发源于大河边上。河流的力量是巨大的,在它的作用下,高原能变成平地,高山能被切成峡谷。

"河流之王"

南美洲的亚马孙河全长 6 400 多千米,是世界第二长河,其支流有上千条,流域面积约 700 万平方千米,它是世界上流域最广、流量最大的河流,有"河流之王"的美称。

亚马孙河

世界最长的河流

尼罗河不仅是非洲最长的河流,也是世界最长的河流,从上游卡盖拉河的最上源算起,全长 6 671 千米。它流经卢旺达、布隆迪、坦桑尼亚、肯尼亚、乌干达、刚果、苏丹、埃塞俄比亚和埃及,是世界上流经国家最多的国际河流之一。

尼罗河

尼罗河

非洲第二长河

刚果河是非洲第二长河，全长4 640千米，流域面积约376万平方千米（位居世界第二位），流经安哥拉、赞比亚、中非、喀麦隆、刚果民主共和国等国家，呈一大弧形，两次穿过赤道，最后注入大西洋。

欧洲最长的河流

伏尔加河是欧洲最长的河流，它发源于东欧平原西部的瓦尔代丘陵中的湖沼间，全长3 690千米，最后注入里海，流域面积约达138万平方千米，占东欧平原总面积的1/3。

刚果河的水利资源丰富，水力蕴藏量估计在4亿千瓦以上，为水力发电提供了优越条件。

印度圣河——恒河

印度的恒河发源于喜马拉雅山脉，全长2 700多千米，其中，上游有2 100多千米在印度境内，下游500千米在孟加拉国。在印度文明的整个发展历程中，恒河起过十分重要的作用，在印度人心目中，它是至高至圣的，被誉为"母亲河"。

恒河被印度人视为最圣洁的河流，能在恒河中畅饮、洗浴对印度人来说都是无比荣幸的事。

中国河流之最

中国是世界上河流最多的国家，流域面积在100平方千米以上的河流有5 000多条，流域面积在1 000平方千米以上的有1 500多条。

长江全长6 397千米，是中国最长的河流，居世界第三。

星罗棋布的明珠——湖泊

湖泊是陆地上洼地形成的水域，这些水域或停滞或缓慢流动，无论是白雪皑皑的高山、陡峭的深谷、辽阔的平原，还是咆哮的海滨，都能看到湖泊的踪影。湖泊虽然不如海洋浩瀚，不及河流奔腾，但它同样风姿绰约，美丽神奇。

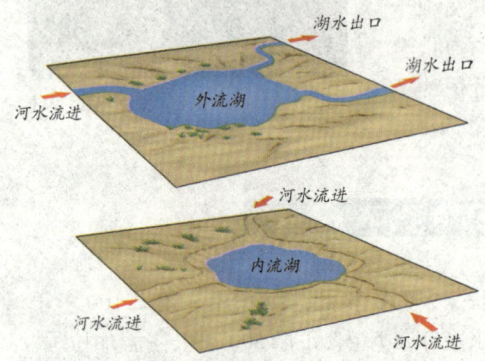

内流湖与外流湖

湖泊有内流湖与外流湖之分。内流湖的特点是有进无出，即水流注入某个水域后不会以任何的形式再流出去；而外流湖恰恰相反，它是水流从一侧流入，从另一侧流出，最终流入海洋。

世界最大的湖泊

位于亚欧两洲交界处的里海，有着诸多世界之最的头衔，它是世界分属国家最多的湖泊，包括亚、欧洲之间的俄罗斯、伊朗、哈萨克斯坦、土库曼斯坦、阿塞拜疆5个国家，此外，它还是世界最大的湖泊、最大的内陆湖、最大的咸水湖。

从卫星上拍摄的里海照片

贝加尔湖容纳了地球全部淡水的1/5，相当于北美洲五大湖的总水量。

世界上最深的湖泊

位于亚洲东北部、俄罗斯境内的贝加尔湖是世界第七大湖泊和世界上最深的湖泊，其最大深度为1 640米，如果在这个湖底最深点把世界上4幢最高的建筑物一幢一幢地叠起来，第4幢屋顶上的电视天线杆仍然在湖面以下58米处。

苏比利尔湖　伊利湖　安大略湖　休伦湖

密歇根湖

五大湖中的苏必利尔湖是世界上最大的淡水湖

世界最大淡水湖群

在北美洲美国、加拿大两国交界处，自西向东分布着苏必利尔湖、密歇根湖、伊利湖、安大略湖和休伦湖，这五大湖连在一起，是世界上最大的淡水湖群，有"北美大陆地中海"之称。五大湖中，除密歇根湖是美国独有的以外，其他为美国和加拿大两国共有。

世界陆地表面最低点

位于巴勒斯坦和约旦交界处的死海，是由地壳断裂陷落形成的，水面平均低于海平面约 400 米，是地球上最低的水域，也是世界陆地表面最低点。由于这里的水中只有细菌而没有其他动植物，所以人们称之为死海。

死海是世界上最咸的湖泊，由于湖水含盐量极高，游泳者很容易浮起来。

中国最大的咸水湖

青海湖面积约为 4 500 平方千米，东西长 106 千米，南北宽 63 千米，是我国最大的咸水湖。青海湖是历史名湖，它古称"西海"，蒙古语称"库库诺尔"，藏语称"措温布"，意思是"青蓝色的海洋"，从北魏起正式更名为"青海"，当今青海省的省名也是由此而得来的。

世界海拔最高的大淡水湖

的的喀喀湖位于秘鲁和玻利维亚两国之间的科亚奥高原上。湖长 200 千米，宽 66 千米，面积 8 330 平方千米，是南美洲最大的淡水湖。的的喀喀湖湖面海拔 3 812 米，平均水深 100 米，最深达 304 米，不仅是世界海拔最高的淡水湖，也是世界最高的可通行大船的湖泊。

美丽的的的喀喀湖

垂挂于天际的白纱——瀑布

瀑布被人比喻成"大地的水帘",它一泻千里,气势非常恢宏。瀑布是在地势高低突然发生变化的地方,水流从高处跌落下来形成的。这种落差较大的地势通常是自然界中高大的岩石上下错动而形成的,河流经过这里便飞泻而下,形成壮观的瀑布。世界上著名的瀑布有很多。

中国最大的瀑布

黄果树瀑布是中国最大的瀑布,也是世界著名瀑布之一。这个瀑布落差74米,宽81米,河水从断崖顶端飞流而下,倾入岩下的犀牛潭中,气势磅礴,十分壮观。

黄果树瀑布

壶口瀑布是由于河床被冲出深50米、宽30米的巨沟而形成的。

中国第二大瀑布

中国第二大瀑布壶口瀑布,位于山西省吉县城西南25千米的黄河壶口。值得一提的是该瀑布的流量在冬季枯水期最少时每秒仅150～300立方米,一旦冰河解冻,每秒流量骤增至1 000立方米以上,最高时达8 000立方米。

尼亚加拉大瀑布

尼亚加拉大瀑布位于加拿大和美国交界的尼亚加拉河上,它由两个主流汇合而成,一是美国境内的"美国瀑布",另一是横介于美、加边境的"马蹄瀑布"。这两个瀑布交织起来从高达35～58米的峭壁上倾注而下,流入安大略湖。

尼亚加拉大瀑布

世界最宽的瀑布

南美洲的伊瓜苏瀑布位于阿根廷和巴西两国交界处的伊瓜苏河上,"伊瓜苏"一词在南美洲土著居民瓜拉尼人的语言中是"大水"的意思。瀑布流水顺着马蹄形的峡谷奔流而下,被山前的岩石切割成275个大小不等的瀑布。洪水期时,该瀑布的宽度可达4 000米左右,是世界最宽的瀑布。

1984年,伊瓜苏瀑布被联合国教科文组织列为世界自然遗产。

维多利亚瀑布被誉为"世界最优美的瀑布",奇特的是,在秋冬之际的月夜,可以透过瀑布的水雾望见别致多彩的彩虹。

非洲最大的瀑布

世界著名瀑布维多利亚瀑布位于非洲的赞比西河上,宽约1 800米,落差120米,是非洲最大的瀑布。奔流而下的瀑布爆发出雷鸣般的响声,方圆几十千米的地方都能听到。

世界落差最大的瀑布

位于南美洲委内瑞拉境内的安赫尔瀑布,是世界落差最大的瀑布,它的第一级由山顶直泻到一个岩石的平台上,落差高达807米,另外从这个平台到以下172米的谷地形成了瀑布的第二级,所以安赫尔瀑布的总高度为979米。

安赫尔瀑布是以其发现者美国飞行员吉米·安赫尔的名字命名的

天然的淡水库——冰川

地球上长期覆盖冰雪的地面约占全球陆地面积的 1/10，由于南北两极和一些高山地区的气候十分寒冷，积雪越来越多，最后变成了冰，这些厚重的冰雪在重力的作用下，从高处向低处缓慢流动，这样一个"流动的冰河"有一个专门的名字叫做"冰川"。冰川像一个巨大的固体水库，储存着大量的淡水。冰川主要分布在南极洲、格陵兰岛、青藏高原、南美洲山区、阿尔卑斯山和北极地区。

冰川期

在地球形成的过程中，地表曾被大面积的冰川所覆盖。那时的地球气温下降，气候异常寒冷，动植物大批死亡或灭绝。

噬人的冰隙

冰隙就是冰川的裂缝，如果人不小心掉进去会有性命危险。1820 年，几位登山者在攀登阿尔卑斯山的勃朗峰时，不幸掉进了博森冰川的冰隙里，直至 1861 年，人们才在冰川的尽头发现了他们的尸体。

巨大的冰隙

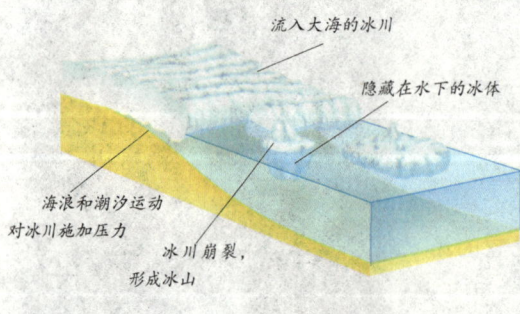

流入大海的冰川
隐藏在水下的冰体
海浪和潮汐运动对冰川施加压力
冰川崩裂，形成冰山

世界上最长的冰川

南极洲的兰伯特冰川，1957 年由澳大利亚一批飞行员在南极洲上空发现，它宽 64 米，连同上游部分的梅勒冰川，再加上费希尔冰川，总长约 514 米，是世界上最长的冰川。

南极大陆地面覆盖着近 2 000 米厚的冰川，是世界上最大的冰川。这些冰川缓慢地流动着，它们是世界上最宝贵的淡水资源。

南极冰盖

如果从高空俯看，南极大陆是一个中部隆起的、向四周缓缓倾斜的高原，巨大而深厚的冰层如同一个银铸的大锅盖，倒扣在南极大地上面，所以又称南极冰盖。南极冰盖的厚度相当惊人，平均厚2 000米，最厚的地方有4 800米，尤其是在南极的冬季，大陆冰盖与周围海洋中的固定海冰连为一体，形成3 300万平方千米的白色冰原，面积超过整个非洲大陆。

南极

世界冰川中流动速度最快的是格陵兰岛的卡拉雅克冰川，平均每天流动速度为20～25米。

会流动的冰川

冰川是会流动的，因为冰川的冰晶体和晶体之间的空隙里包裹着水，水仿佛润滑剂，冰川在压力和斜度的影响下，就缓缓地向下滑动了。不过，冰川流动的速度是很慢的，平均每天流动几厘米到几米。

冰 舌

冰川在自身重力的作用下蜿蜒而下，在靠近海边或山脚的地方会形成长短不一的像舌头一样的冰体，这就是"冰舌"。在"冰舌"的前端还会形成许多形状奇特的冰峰。

冰舌

冰 山

冰山是一块大若山川的冰，脱离了冰川或冰架，在海洋里自由漂流。一般来说，大约8/9的冰山在水里，看着浮在水面上的形状并猜不出水下的形状。冰山非常结实，很容易损坏金属板，它成了海洋运输中的极端危险因素。1912年，巨轮"泰坦尼克"号就遭遇了冰山，成为世界上最著名的冰山遇险船。

"泰坦尼克"号就是撞上冰山沉没的

河口平原——三角洲

三角洲又称"河口平原",从平面上看,像三角形,顶部指向上游,底边为其外缘,所以叫三角洲。三角洲的面积较大,上层深厚,水网密布,表面平坦,土质肥沃,非常适合耕作。我国主要有长江三角洲、黄河三角洲和珠江三角洲。其中,长江三角洲是我国人口最稠密的地区。

长江三角洲

长江三角洲是长江中下游平原的组成部分,位于江苏省镇江以东,杭州湾以北,通扬运河以南,面积约为5万平方千米,这里地势低平,海拔在10米以下,但也零星散布着一些孤山残丘。长江三角洲的顶点在镇江附近,处长江以南的太湖平原地是长江三角洲的主体。

以上海为龙头的长江三角洲城市带,已被公认为世界六大城市带之一。

呈扇状的尼罗河三角洲

尼罗河三角洲

尼罗河这条世界上著名的大河,流贯埃及首都开罗市区后,分为两支,继续北去,注入分隔欧非大陆的地中海入海口,河流落差很小,水流平稳,形成了广阔富饶的尼罗河三角洲,开罗就在这个三角洲的顶端。尼罗河三角洲在入海口处呈扇面状展开,面积达2.4万平方千米。

孟加拉国位于南亚次大陆的恒河和布拉马普特拉河三角洲上,该国是世界上重要的茶叶生产国和消费国,国内大小茶园有近200家。

欧洲最大的三角洲

地处罗马尼亚多布罗加及乌克兰敖德萨州的多瑙河三角洲占地约3 500平方千米，是欧洲最大的三角洲，这里动植物资源丰富，被联合国教科文组织列作世界遗产及生物圈保护区，多瑙河三角洲是目前世界上保存得最完好的三角洲。

多瑙河三角洲是欧、亚、非三洲候鸟的集散地，也是欧洲飞禽和水鸟最多的地方，每年有超过百万只候鸟来此繁衍。这是来自热带的火烈鸟。

密西西比河三角洲

美国的密西西比河三角洲，东西宽300千米，南端在平面上呈鸟爪形，每两趾之间为一条河，由于各支流附近每年都沉积大量冲积物，因而使三角洲的面积不断扩大。目前它仍以每年平均75米的速度向墨西哥湾延伸。

美国人将密西西比河称为"大泥河"，它的三角洲正是河水流向大海的入海口。

湄公河三角洲

湄公河三角洲又称九龙江平原，位于越南最南部，面积约4万平方千米，是越南第一大平原，越南南方60%～70%的农业人口集中在此，所以这里又成了越南人口最密集的地方。

湄公河三角洲是越南主要的稻米生产基地，东南亚著名的稻米产区之一。

保护人类的家园

环境与保护

随着人类社会的不断发展，人类已经进入高度文明的时期。人类社会发展的代价是自然资源的高度消耗和环境资源的过度开发。这些消耗与开发已经严重地破坏了自然环境，影响着生态平衡，危及着地球的健康。我们只有一个地球，地球是我们的生存家园，所以我们要爱护地球。

身边的世界——生活环境

人类生活在地球上,为维持生存所需的衣、食、住、行等,必须从生活环境中索取一定的原料,如遮体保暖的衣服全都是直接或间接来自自然界中的植物,人类的所有食物也全是从土地中来的。人类正以惊人的速度消耗着这些自然资源,人类的活动改变甚至破坏了地球的面貌,造成了空气污染、水污染、土壤退化等,而这一切将会改变地球的未来。

全球性的污染

污染对于整个地球来说是没有地域和国界限制的,因为地球上的大气、水等每时每刻都在循环交替。排入大气的污染物会随着降雨落入土壤中,而进入河流的污染会再进入大海,从而循环散布到地球的每个角落。

环境的破坏,使得洪涝和干旱频繁发生。

大批野生动物濒临灭绝

大片森林被砍伐,广阔的草原被开垦,大批野生动物失去了生活的家园,致使它们濒临灭绝。

水土流失

在植被遭到破坏或耕作不合理的地方,往往会发生严重的水土流失,此时,大地无法蓄积降水,地面的表层土壤就会大量流失,土地变得干旱、贫瘠,而进入河流的泥沙又会堵塞河道,抬高河床,引起洪灾。

水土流失会使生态环境遭到严重破坏,进而导致干旱、洪涝、沙尘暴的频繁发生,农作物也会因此而大量减产。

中国是世界上人口最多的发展中国家，众多人口为经济发展带来了沉重的压力。

人口剧增

随着生产力的发展和人民生活水平的提高，世界人口急剧增加。人口的过度增长，将导致人们无节制地开发自然资源，破坏生态平衡。同时，排放越来越多的有害废物，将使环境污染更严重。

交通拥挤

随着世界人口的增加，科学技术的不断发展，汽车等交通工具越来越多，排放出的尾气也不断增多，当这些污染性的气体累计达到空气不能自我净化的极限时，就会对人类的生存产生威胁。与此同时，拥挤的人群也给环境带来了很大的压力。

交通拥挤的马路

电磁辐射

人类生活中所使用的许多产品都是靠电磁波来工作的，像电脑、手机、电视、微波炉等。但是这种方便的资源却能损害到人类的健康。如今，电磁辐射已成为一种不可忽视的环境污染。

电脑造成的电磁辐射，不仅伤害人的身体，也会造成环境污染。

森林面积缩小

森林覆盖了地球上约1/4的陆地。随着社会生产力的发展，人们毁林开荒，砍伐木材，世界森林面积正在迅速缩小。现在，每年大约有 20 万平方千米的森林从地球上消失。

土地沙漠化

干旱的地区出现了风沙活动的现象，就是我们所说的"土地沙漠化"。目前，全球的沙漠正在不断地扩张，农田和牧场正逐渐被沙漠侵吞。据研究表明，人类过度利用土地等自然资源所导致的植被严重破坏是沙漠化蔓延的主要原因。

中国是世界上土地沙漠化最为严重的国家之一，土地沙漠化已经成为中国特别是西北地区最为严重的生态环境问题。

文明的代价——空气污染

各类工矿企业排放的废气、汽车排放的尾气、城市居民燃烧煤炭等化石燃料产生的烟气以及烧荒和森林失火等都会造成空气污染。一些有害气体甚至危害了生物的生长,给人类的生存和发展也带来了严重的危害。酸雨、臭氧层空洞、厄尔尼诺现象等都是大气被污染后产生的恶果。

光化学烟雾

光化学烟雾主要是由汽车废气引起的一种大气污染现象,在强烈的阳光照射下,汽车排出的尾气会发生化学反应,生成一种淡蓝色或者棕色的烟雾,就是光化学烟雾。这种污染现象最初出现在美国洛杉矶市,因此也称为洛杉矶烟雾。

工厂、电站燃烧煤炭、石油产生的二氧化硫和氮氧化合物,在阳光、水汽、飘尘的作用下,生成硫酸、硝酸盐的微滴,飘散在空中,降雨或降雪落下成为酸雨。酸雨是一种大气污染现象。

熊熊燃烧的森林放出一股股浓烟

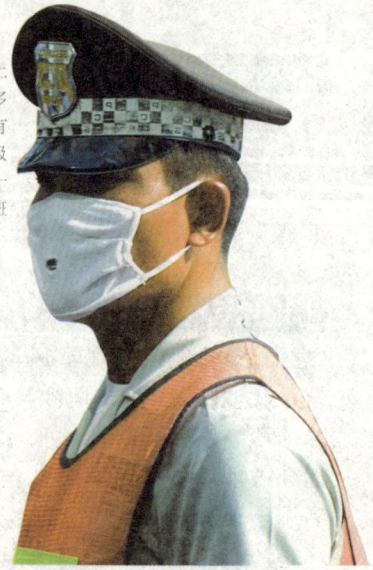

人类有时会戴上口罩,防止吸入更多污浊的空气,从而有效地保护自己的呼吸系统。这是泰国的一位交警戴着口罩上班的情景。

呼吸与大气污染

人类要生存每天都必须呼吸新鲜的空气,工厂任意将废气排向天空,汽车的增加也加大了大气的净化负担,人类要呼吸到新鲜的空气就必须减少这些污染。

地球的"温室效应"

地球好比一个偌大的温室,地球周围的大气就好像温室的玻璃,防止地面的热量散失到宇宙中去。大气中起"保暖"作用的气体主要是二氧化碳。人类大规模使用煤炭、石油等燃料,排放出大量二氧化碳,使温室效应更加显著。

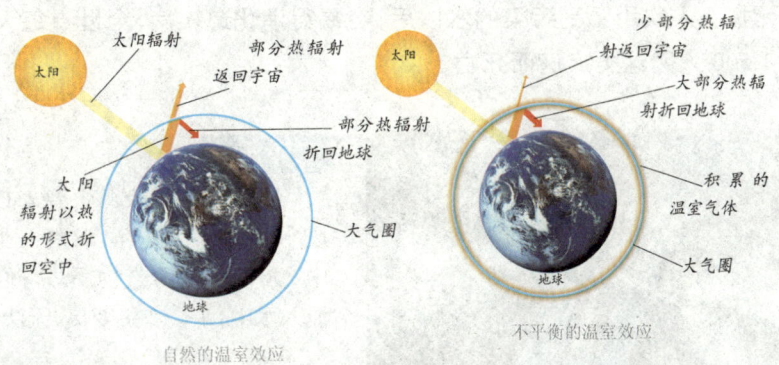

自然的温室效应　　　　不平衡的温室效应

热岛效应

在人口稠密的城市,每天都有大量的能源被消耗,同时也会产生大量的热,空气中的污染物阻碍了这部分热量的散发,从而造成了城市气温比周边郊区高的现象,这就是"热岛效应"。热岛效应降低了大气自我净化的能力,加重了污染。

臭氧层空洞

臭氧层空洞是大气污染所造成的一个严重后果,倘若臭氧层这个屏障被破坏,阳光中的有害紫外线就会直达地面,给人类和其他生物带来危害。1985年,科学家就已经在南极上空发现了一个巨大的臭氧层"空洞",并且它每年都在改变位置,面积还在不断扩大。

用不恰当的方法燃烧废物形成的滚滚浓烟会给大气带来严重的污染

沙尘暴

沙尘暴是一种风与沙共同作用产生的灾害性天气,它与森林减少、草原退化、气候异常等原因有密切的关系。严重的沙尘暴对人和牲畜以及建筑物的危害决不亚于台风和龙卷风。

沙尘暴会给人的身体健康造成危害

不可忽视的威胁——水污染

水是人类和其他生物的生命之源,是生命体内最主要的成分。没有水,地球上所有的生命都会消失。但是如今地球上的水已不再洁净,工厂排放的化学废水,使江河、湖泊、海洋受到污染,造成水中的植物、鱼类大量死亡。人饮用了受污染的水以后,容易得消化道疾病,全世界每天至少有1 500人因这类疾病而死亡。

工业废水

水污染的污染源主要来自工业废水,由工厂排放出来的工业废水中,含有多种污染物质。它们一旦流入水中,水会变黑变臭,无法饮用。

工业废水如果不及时处理会给环境带来很强的污染

淡水危机

地球上的淡水资源分布很不均匀,大批的河流、湖泊又受到了污染,这使得地球上许多地方严重缺水。我国人口占世界人口的1/5,淡水拥有量却只占8%,全国有40多个城市严重缺水,每天缺水量达2 000多万吨。

世界上已有很多地区严重缺水,为了解决威胁生存的干旱问题,非洲许多地方的人甚至会花几个小时到很远的地方去背水。

海滩上时常出现绵延数里的垃圾带,每年至少有数百万只海洋动物因误食塑料而丧生。

农业化学污染

农业化学也能引起水体的污染，那些喷洒在农作物上的农药，经过雨水的冲刷，随着地表水流入河流、湖泊或附近的海域，就会造成水体中氮、磷等污染物含量超标，造成污染。

被化学染料污染的河水

染料污染

化学染料在印染过程中排放的废水会对环境造成严重的污染，一些染料会引起皮肤过敏，一些化学染料还会分解有毒的气体，危害人体健康。

水体被严重污染，生活在这些水域的动物们也会相应受到牵连，使它们变得无家可归甚至危及生命。

水俣病

20世纪50年代日本九州岛的一个小镇曾出现过一种"水俣病"，这是由汞中毒引发的疾病。汞也称水银，是一种有剧毒的重金属，如果不慎进入人体会出现口齿不清、面部发呆、手脚发抖、神经失常等症状，严重的还会引发死亡，当地人就是因为长期食用含有汞的海产品所致。

日本的水俣病患者

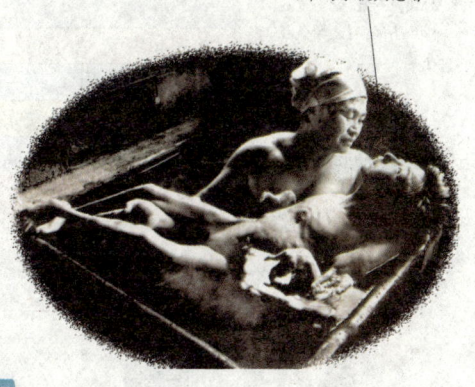

赤潮

赤潮又称红潮，通常是指海洋微藻、细菌和原生动物在海水中过度增殖或聚集致使海水变色的一种现象。这是一种有害的生态现象，它能导致水中缺氧，影响渔业生产，间接影响人的健康。

红潮

废水治理

对每天生产生活过程当中制造出来的大量废水，必须在它们重新流入河流、汇入大海之前进行治理，才能确保不被污染。

不堪忍受的声音——噪声

在生活中,人们常常会听到一些令人厌烦的或影响生活和工作的声音,从环保的角度,我们将它称为"噪声"。噪声来源于工业、交通和生活等领域,它是一种有危害的声音,不但损伤听力,使人耳聋,还会诱发各种疾病,降低劳动生产率,影响人们的正常工作和生活。

工业噪声

工厂的机器在运转时发出的高强度的声音往往让人感觉震耳欲聋,这就是工业噪声。工业噪声又称为生产性噪声,是涉及面最广泛、对工作人员影响最严重的噪声,目前已成为主要污染因素之一,它长久地影响着人们的生活和工作。

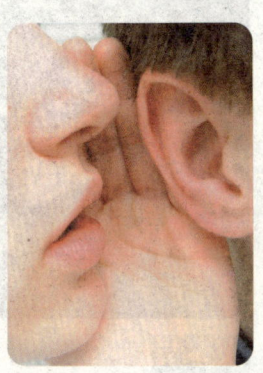

轻声谈话或耳语时,声音通常在20～30分贝之间。

长时间遭受过强的噪声刺激,就会造成听力下降,引发噪声性耳聋

噪声的等级	后果
0～20分贝	感觉很安静
20～40分贝	安静
超过45分贝	干扰人的睡眠
80分贝的噪声	使人感到吵闹、烦躁
超过90分贝	影响人的健康
100分贝的噪声	会影响人的听力
120分贝的噪声	可以使人暂时耳聋
140分贝以上的噪声	会使人变成聋子,甚至可能突然发生脑溢血或心脏停止跳动

噪声的危害

噪声对人体有害,它能引发噪声病。长期生活在噪声环境中的人,会出现头晕、头痛、失眠、易疲劳、记忆力衰退、注意力不集中等现象。

火车经过的噪音是75～80分贝

生活噪声

除工业噪声、建筑施工噪声和交通运输噪声之外，还有一类噪声是由人的生活和社会活动所引起的，它的出现干扰了人们的正常的生活以及周围的生活环境。如在商业经营活动中使用高音广播喇叭；在公共场所组织娱乐、集会等活动，使用音响器材；使用家用电器、乐器进行室内娱乐活动等都属于生活噪声。

家庭中的电视机、风扇、电脑、洗衣机所产生的噪声可达到 50～70 分贝。

交通噪声

各种交通工具是城市噪声的主要来源，汽车在行驶中所产生的噪声是 80～90 分贝；高速公路上的车流产生的噪声可达近 100 分贝；起飞的火箭产生的噪声是 120 分贝。这些噪声都严重地影响着城市的生活环境。

汽车行驶中产生的噪声一般为 80～90 分贝

电冰箱的噪声为 34～45 分贝

最佳声音环境

一般适合人类生存的最佳声音环境为 15～40 分贝，人们正常谈话的声音约为 60 分贝，60 分贝以上的声音就会干扰人们的生活和工作了。

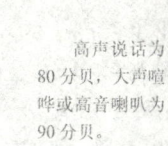

高声说话为 80 分贝，大声喧哗或高音喇叭为 90 分贝。

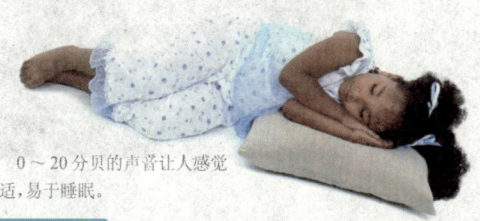

0～20 分贝的声音让人感觉舒适，易于睡眠。

治理噪声

鉴于噪声的严重危害，对其进行治理是非常必要的。防治噪声污染一般是从控制噪声源、传播途径等方面入手。控制噪声源的办法在于尽力降低噪声本身的辐射声波，而控制噪声传播途径则可采用隔声和吸声的办法，以达到减振降噪的目的。

人造的威胁——垃圾危害

垃圾是人类生存过程当中一种潜在的危害,它是由人类消耗掉资源后所产生的,垃圾的存在会破坏土壤、产生有毒的气体,但大部分垃圾在经过分选和加工处理后,仍然能变成有用的资源,因此,如何利用和处理好垃圾成了一个重要的环保问题。

白色污染

废弃的塑料物品扔在自然界中也会引起环境污染,因为塑料物品大部分是白色的,所以这种污染被称为"白色污染"。由于这些废弃的塑料不容易分解,如果混在土壤中,就会导致农作物产量减少;如果把它们燃烧就会产生有害气体,污染空气,损害人的身体健康。

为了减少白色污染,我们应该对塑料制品进行回收利用,尽量使用纸制品,减少使用一次性的塑料包装袋。

工农业垃圾

工农业生产过程中可产生一系列废弃物,这些都属于工农业垃圾。工业垃圾处理不当,就会污染大气、水体、土壤,影响环境卫生,传播疾病。

生活垃圾

除工农业生产产生的垃圾外,生活垃圾是我们接触得最多的,生活垃圾一般可分为四大类:可回收垃圾、厨房垃圾、有害垃圾和其他垃圾。目前常用的垃圾处理方法主要有综合利用、卫生填埋、焚烧和堆肥。

生活垃圾会给环境造成很大的负担

可用来堆肥的垃圾

剩菜剩饭、骨头、菜根菜叶等食品类废物属于厨房垃圾,它们经生物技术就地处理堆肥,每吨可生产0.3吨有机肥料。

电池的污染很大

有害垃圾的污染

有害垃圾包括废电池、废日光灯管、废水银温度计、过期药品等，这些垃圾需要特殊安全处理，否则造成的污染后果难以估量。如废电池具有长期的、潜伏性的危害，其中危害最大的是镉电池和汞电池，一旦其中的有毒物质渗入水中，将会污染600立方米的水体。

垃圾的危害

垃圾的存在是有潜在危害的。露天垃圾经过雨水侵蚀所产生的污水渗入地下，会污染人类的水源；将未处理的垃圾施用于农田，会污染农作物，而人吃了受污染的食物就会引发许多疾病；如果对垃圾进行燃烧处理时，垃圾粉尘还会污染大气环境。

垃圾给环境带来很大的负担

美国纽约

垃圾排放量最大的国家

城市是生活垃圾的重要发源地，城市越发达，垃圾量就越大。美国的纽约是世界上人均废物量最多的地方，每人每年扔掉的废物量等于自身重量的9倍。处理众多的城市垃圾，美国每年要支出200亿美元。

可回收的垃圾

可回收垃圾

纸类、金属、塑料、玻璃等垃圾，通过综合处理后可回收利用，减少污染，节省资源。如每回收1吨废纸可造好纸850千克，节省木材300千克，比等量生产减少污染74%；每回收1吨塑料饮料瓶可获得0.7吨二级原料；每回收1吨废钢铁可炼好钢0.9吨，比用矿石冶炼节约成本47%，减少空气污染75%，减少97%的水污染和固体废物。

万物生灵的呐喊——保护地球

自然环境是我们赖以生存的基础,一个多世纪以来,人类的活动使地球发生了巨大的变化,地球受到了各种污染的侵袭,致使地球环境变得日益恶劣,人类的生存也因此而受到了威胁。如今,越来越多的人认识到:地球是人类的家园,爱护地球是我们每个地球人的责任和义务。为了恢复地球昔日蓬勃的生机,人类想尽了各种办法。

节约用水

尽管地球上有着丰富的水资源,但可供人类饮用的淡水只是其中很小很小的一部分。节约用水,对于发展工农业生产以及我们的日常生产与生活都至关重要。

回收废报纸和杂志,经过再加工,可以减少以木材为原料造纸,从而减少人们对森林的砍伐。

对于土地、水、空气、森林、矿物这类宝贵的自然资源,不宜过度使用,应当懂得珍惜。珍惜每一点自然资源都是对地球的最好保护。

变废为利

地球上的各种资源正面临着日益耗损殆尽的窘境,因此人类在重点开发新能源的同时,还应充分利用各种被遗弃的废物,做到变废为宝。许多看似无用的东西,其实还可以在别的地方发挥功用。

植树造林

森林对于保持水土、调节气候等都有重大的作用。森林的减少不但导致气候恶化,而且将对整个生态平衡造成严重破坏。植树造林可以缓解因森林减少带来的灾害,重现地球的绿色生机,所以它是改善环境的重要方法。

保持沃土妙法

土地的肥沃程度会直接影响粮食和农作物的产量,因此保持土地的肥沃非常关键。专家的方法是:在一块农田里同时种植几种不同的作物,这样间种的方法往往可以让土壤变得更加肥沃。有的地方农民们将菠萝和蚕豆种在同一块田里,一排隔一排,土壤长期保持了肥沃。

在陡峭的山坡上,土壤很容易被暴雨冲走,在那里修筑梯田,既可以种庄稼,又可以保护土壤。梯田多的地方,常常可以在一年内收获更多的粮食和农作物。

全球共同的协议

为了保护地球的环境,1992年世界各国首脑在巴西举行了联合国环境与发展大会。大会第一次就控制气体污染、保护濒危动植物、保护动植物的自然栖息地等方面达成了协议。

人类有共同保护地球环境的义务和责任,共同携手,减少地球环境污染。

藏羚羊是我国的特有品种,近年来,偷猎者的肆意妄为使它们到了濒临灭绝的边缘。

清洁的高效能源

自然界的许多能源对环境是有污染的,所以人类都在竭力开发各种清洁而高效的能源。比如风能,在常年风大的地方安装风车,风车借风力旋转,就能发电。

图书在版编目(CIP)数据

美丽地球百科 / 黄炜主编. —天津：天津科学技术出版社，2012.3（2019.6重印）

（中国青少年百科全书）

ISBN 978-7-5308-6866-9

Ⅰ.①美… Ⅱ.①黄… Ⅲ.①地球—青年读物②地球—少年读物 Ⅳ.①P183-49

中国版本图书馆CIP数据核字（2012）第047050号

美丽地球百科

MEILI DIQIU BAIKE

责任编辑：郑 新

出　　版：天津出版传媒集团
　　　　　　天津科学技术出版社

地　　址：天津市西康路35号

邮　　编：300051

电　　话：（022）23332674

网　　址：www.tjkjcbs.com.cn

发　　行：新华书店经销

印　　刷：三河市燕春印务有限公司

开本 700×1000mm 1/16　　印张 9　　字数 150 000

2019年6月第1版第3次印刷

定价：29.80元